四方华文◎编著

新农村农业灾害应急实用手册

XINNONGCUN NONGYE
ZAIHAI YINGJI SHIYONG
SHOUCE

人民出版社

责任编辑:詹素娟

封面设计:肖　辉

图书在版编目(CIP)数据

新农村农业灾害应急实用手册/四方华文　编著.
—北京:人民出版社,2011.9
ISBN 978-7-01-010231-3

Ⅰ.①新… Ⅱ.①四… Ⅲ.①农业–自然灾害–灾害防治–技术手册
Ⅳ.①S42-62

中国版本图书馆CIP数据核字(2011)第186468号

新农村农业灾害应急实用手册
XINNONGCUN NONGYE ZAIHAI YINGJI SHIYONGSHOUCE

四方华文　编著

人民出版社出版

人民书店发行
(100706　北京朝阳门内大街166号)

北京中科印刷有限公司印刷　新华书店经销

2011年9月第1版　2011年9月北京第1次印刷
开本:880毫米×1230毫米 1/32　印张:8
字数:250千字

ISBN 978-7-01-010231-3　　定价:20.00元

邮购地址 100706　北京朝阳门内大街166号
人民东方图书销售中心　电话 (010)65250042 65289539

序　言

2008年5月12日,四川汶川、北川遭遇8级强震。这次地震给我国带来的直接经济损失达8452亿元人民币。

2009年6月,内蒙古草原爆发大面积蝗灾,危害面积达7674.75万亩,严重危害面积达4183.62万亩,给当地牧民带来巨大的损失。

2010年5月,甘肃的甘南草原遭遇十年不遇的鼠害,鼠害严重区危害面积达到2000万亩,超过可利用草原总面积的50%。

2010年8月,甘南藏族自治州舟曲县突降强降雨,致使泥石流下泄,造成舟曲县内三分之二被水淹,300余户村庄被掩埋,周边多处路段交通阻断。这次泥石流灾害给舟曲县农牧系统和农牧业造成的损失超过2.2亿元。

……

我国是灾害频发的国家,每一次灾害的发生,对社会稳定和人民生命财产安全都有着巨大的危害。灾害虽似洪水猛兽,但我们也无需谈灾色变,重要的是要掌握预防的措施及应急的办法,这样才能在灾后迅速恢复生产。比如本书第三章旱灾介绍的,农民朋友可采用抗旱品种、薄膜覆盖地面、利用抗旱剂或保水剂等方法来防治干旱。同时,编者也给农民朋友提供了"果园在旱灾中的应对方法"。

本书共分为四篇,第一篇是灾害学概述,主要讲述常见的灾害知识、灾害现场紧急救护的方法。

第二篇是自然灾害,里面涵盖的有旱灾、水灾、台风、寒潮、泥石流等灾害,主要阐述在灾害到来之前农民朋友应怎样预防;处在灾害之中应如何自救、互救以及如何保护农作物;灾害过后,农民朋友应采取哪些方法尽快地恢复生产,将灾害带来的损失降至最低。

第三篇是生物灾害,主要从种植业病虫害、养殖业病虫害、草原病虫害出发,来讲述怎样识别和防治农业中常见的病虫害,以及病虫害过后怎样迅速恢复生产。这一篇还添加了一章农业中常见的境外入侵生物,里面也有阐述具体防治它们的方法。

第四篇为人为灾害,从生产事故和环境污染两个方面出发,分别阐述农业中农药、机械事故的应急处理方法及遭遇环境污染应如何处理。

编写本书的目的是为了让农民朋友认识各种灾害,在灾害来临之前做好预防工作,处在灾害之中学会自救互救、保护农作物,灾害过后采用实用的方法尽快恢复生产。

同时,编者在编写时穿插了大量的案例,目的是让农民朋友在阅读时既不会感到枯燥,又能学到更多的农业灾害防范知识,在平时养成防患于未然的意识和习惯。一旦灾害来临,也能从容应对,最大限度地减少灾害带来的损失,尽快恢复生产。

希望本书能给农民朋友提供一定的帮助。

编　者
2011 年 6 月

目　　录

第一篇　我们面临的灾害

第一章　灾害学概述 ································· （3）

第一节　灾害就在我们身边 ················· （3）

第二节　自然灾害及分类 ··············· （7）

第三节　原生灾害、次生灾害和衍生灾害 ············· （10）

第四节　灾害链 ························ （13）

第二章　灾害现场紧急救护常识 ············· （17）

第一节　紧急呼救——我需要帮助 ········· （17）

第二节　电话报警——让灾情迅速传达 ········· （19）

第三节　判断危重伤情——小细节，大用处 ········· （22）

第四节　急救互救——我们一起活下去 ········· （25）

第二篇　自然灾害

第三章　旱灾 ······························ （31）

第一节　为什么干旱如此频繁 ··········· （31）

第二节　对抗干旱，重在预防 ··········· （33）

第三节　果园遭遇旱灾的应对策略 ········· （36）

第四节　旱灾后恢复生产有高招 ········· （39）

第四章　水灾 ···························· （43）

第一节　洪水形成的原因 ·············(43)

第二节　随波逐流才是保命之道 ·········(45)

第三节　防汛、抗洪和抢险 ···········(48)

第四节　雨过天晴,灾后重建 ··········(51)

第五章　台风 ··················(55)

第一节　风为什么总是从海上来? ·······(55)

第二节　怎样预防台风的侵害 ·········(59)

第三节　台风中的自救和互救 ·········(62)

第四节　沿海养殖业怎样应对台风 ······(65)

第五节　风后快速恢复生产的策略 ······(68)

第六章　寒潮和霜冻 ··············(72)

第一节　寒潮不是北方的专利 ·········(72)

第二节　霜冻来临之前农作物的保养措施 ···(74)

第三节　霜冻来临之前养殖业的保护手法 ···(77)

第四节　畜禽冻伤的应急处理办法 ······(79)

第五节　冻后恢复生产实用技术 ········(81)

第七章　雷电、火灾 ··············(85)

第一节　雷电灾害的防御 ···········(85)

第二节　突然碰到雷电灾害怎样保安全 ····(87)

第三节　家庭火灾的预防和应急措施 ·····(90)

第四节　森林大火的预防和应急措施 ·····(93)

第五节　草原火灾的预防和应急措施 ·····(96)

第八章　地震 ··················(100)

第一节　地震成因和常用术语 ·········(100)

第二节　地震前兆早知道 ···········(102)

第三节　怎样面对突如其来的地震 ······(106)

第四节　地震中的自救和互救 ·········(109)

　　第五节　地震后的生存要略 ·············· (112)

第九章　泥石流 ·············· (115)

　　第一节　多了解点泥石流没坏处 ·············· (115)

　　第二节　面对泥石流怎么办 ·············· (119)

　　第三节　泥石流的预报和预防 ·············· (121)

　　第四节　泥石流过后，新的麻烦 ·············· (124)

　　第五节　灾后重建的近期和远期方案 ·············· (126)

第三篇　生物灾害

第十章　种植业病虫害 ·············· (131)

　　第一节　主要农业病虫害识别 ·············· (131)

　　第二节　病虫害综合防治方法 ·············· (134)

　　第三节　水稻主要病虫害的防治和综合治理 ·············· (137)

　　第四节　小麦主要病虫害的防治和综合治理 ·············· (141)

　　第五节　玉米主要病虫害的防治和综合治理 ·············· (144)

　　第六节　棉花主要病虫害的防治和综合治理 ·············· (147)

　　第七节　其他农作物主要病虫害的防治和综合治理 ··· (151)

第十一章　养殖业病虫害 ·············· (156)

　　第一节　主要养殖业病虫害识别 ·············· (156)

　　第二节　养殖业病虫害综合防治原理与方法 ·············· (160)

　　第三节　畜类养殖主要疾病与防治 ·············· (162)

　　第四节　禽类养殖主要疾病与防治 ·············· (166)

　　第五节　水产养殖主要疾病与防治 ·············· (170)

　　第六节　特殊养殖主要疾病与防治 ·············· (173)

第十二章　草原病虫害 ·············· (178)

　　第一节　威胁草原的常见病虫害 ·············· (178)

第二节　全面认识蝗虫 ·················· （183）

第三节　防治蝗灾有办法 ·················· （186）

第四节　鼠害,敲响草原的生态警钟 ·········· （188）

第五节　草原鼠害的防治和应急措施 ·········· （192）

第六节　关爱草原,保护资源 ·············· （195）

第十三章　外来生物入侵 ·················· （200）

第一节　外来生物入侵带来了什么 ············ （200）

第二节　最危险的15种外来入侵生物 ·········· （202）

第三节　农田常见入侵物种及应对策略 ········ （206）

第四节　水产养殖常见入侵物种及应对策略 ···· （209）

第五节　林业常见入侵物种及应对策略 ········ （212）

第六节　灭草剂的选择和正确使用 ············ （215）

第四篇　人为灾害

第十四章　生产事故 ·················· （221）

第一节　农业生产事故知多少 ·············· （221）

第二节　农药使用事故应急处理方法 ·········· （223）

第三节　农业机械事故应急处理办法 ·········· （225）

第四节　别让生产被事故拖累 ·············· （229）

第十五章　环境污染 ·················· （232）

第一节　不应该被忽视的农药污染 ············ （232）

第二节　看不见的杀手——核辐射 ············ （235）

第三节　养殖业的天敌——海洋污染 ·········· （238）

第四节　种植业的创伤——陆地污染 ·········· （240）

第五节　每个人的悲哀——空气污染 ·········· （242）

第六节　保护环境,从我做起 ·············· （247）

第一篇

我们面临的灾害

第1章

灾害学概述

第一节 灾害就在我们身边

灾害是指能够给人类和人类赖以生存的环境造成破坏性影响的事物的总称。纵观人类历史,总结一下可知灾害可分为两种,即自然灾害和人为灾害。自然灾害有地震、风暴、海啸等,人为灾害有火灾、交通事故等。灾害严重威胁着人们的健康和生命财产安全。下面就让我们具体看一看这两种灾害发生的特点。

一、自然灾害

自然灾害孕育在由大气圈、岩石圈、水圈、生物圈共同组成的地球表面环境中。一旦发生,会造成财产损失、社会失稳、人员伤亡、资源破坏等现象或一系列事件,给人类造成毁灭性打击。

据民政部统计,2009 年我国有 4.8 亿人(次)受到各类自然灾害的侵袭,1528 人在灾害中失踪和死亡,709 万人被紧急转移安置,83 万间房屋倒塌,4721 万公顷农作物受灾。其中,491 万公顷绝收,因灾直接经济损失达 2523 亿元。

1. 自然灾害的种类

我国的自然灾害种类繁多,按照不同的性质可分为五大类:

(1)气象灾害:异常高温、暴雪、冰雹、干旱、暴雨、洪涝、台风、寒潮、冻雨、浓雾、沙尘暴等。

（2）地质地貌灾害：泥石流、塌陷、地震、火山、山体滑坡。

（3）生物灾害：蛇灾、蝗灾、农林病虫害、鼠害。

（4）海洋灾害：咸潮、海冰、海啸、风暴潮、赤潮。

2. 自然灾害对人类的危害

我们从灾害导致传染病流行、引发人们各种健康问题就可以看出，自然灾害对人类的危害是巨大的。

（1）饮用水供应系统被破坏。

水灾使得原来安全的饮用水源被淹没、破坏或淤塞，人们不得不用地表水作为饮用水源。这些水往往被上游的人畜尸体、人畜排泄物以及被破坏的建筑中的污物所污染，容易引起水源性疾病的暴发流行。

同样，地震、海啸、风灾等自然灾害会使得建筑物遭破坏，从而导致建筑物的管道断裂，正常供水中断，残存的水源极易遭到污染，进而引发疾病流行。

（2）食物短缺。

自然灾害一旦发生，向灾区输送食物就成为救灾的第一任务。但是，由于灾后生活条件所限及恶劣天气所致，人们储存的食品极易发生霉变和腐败，容易造成食物中毒以及食源性肠道传染病流行。

（3）燃料短缺。

大规模的自然灾害常使得燃料匮乏，被洪水围困的灾民更是如此。燃料的不足迫使灾民饮用生水，进食生冷食物，从而导致肠道传染病的发生与蔓延。

（4）水体污染。

洪水往往使得水体遭受污染，从而引起经水传播的传染病的大肆流行，如血吸虫病、钩端螺旋体病等。

（5）居住条件被破坏。

水灾、地震和火山喷发等，都会对人们的居住房屋造成破坏。人们被迫露宿，然后不得不长时间居住在简陋的棚屋中。如唐山地震时，在唐山、天津等大城市中，简易棚屋绵延数十里，百姓最长时间居住在棚屋达一年以上。

露宿时,人们易于受到吸血节肢动物的袭击,造成疟疾、乙型脑炎和流行性出血热等疾病流行。居住空间拥挤时,容易导致人与人之间密切接触的疾病流行,如肝炎、红眼病等。

二、人为灾害

人为灾害主要是指人为因素引发的灾害。它的种类很多,主要有:森林资源衰竭灾害、环境污染灾害、火灾、交通灾害、核灾害、政治性灾害、犯罪性灾害等。

1. 森林资源衰竭灾害

我国重要的自然资源是森林。森林具有调节气候、净化空气、防风固沙、涵养水源等作用。

然而,人们为了取得木材、燃料和耕地,对森林乱砍滥伐,且伐过树木后没有重新栽种,使得森林的面积越来越少。据联合国粮农组织最新公布的报告显示,截至1995年,全世界森林面积只剩35亿公顷,占地球陆地面积的26.6%,而仅在1990—1995年间,世界森林面积净损失竟达5630万公顷。

森林的丧失使人类想要取得的木材、药材、薪柴等生产和生活原料变得极其困难。同时,森林的日益减少还会导致气候恶化,干旱、洪涝加剧,水土流失和土地沙漠化、盐碱化更为严重。

2. 环境污染灾害

环境污染包括大气污染、水体污染、土壤污染等。这些都是由于人类的原因引起的灾害。

大气污染是指人类在生产和生活过程中,向大气中排放汽车尾气、工业废气、生活燃煤产生的废气等,从而导致空气质量下降,并引发人们的呼吸道和肺部等疾病,严重影响人类的健康。

水体污染是指重金属、农药、石油类、放射性物质等污染物进入江河湖泊后,导致水体遭受污染的现象。

此外,人们常常将土壤作为垃圾、废渣和污水的处理场所,这样会造成土壤污染。土壤受污染的主要原因是由于人们大量施用化肥和农药。过量的化肥和农药被农作物吸收后,通过食物链进入人体体内,会对人体产生毒害作用。

3. 火灾

在人们的日常生活中,火灾常常是由于人们在生产和生活用火的过程中不谨慎,或是故意纵火引起的。火灾发生在人口越是密集的区域,造成的损失越大。

此外,人为因素导致森林火灾也是常见的现象。黑龙江大兴安岭特大火灾,就是由于人们疏忽和违反防火规章制度而导致的。森林大火不但会烧毁林木、房屋、引起人员伤亡,还会破坏土壤结构,毁损动物,造成气象环境恶化。

4. 交通灾害

交通事故在我们周围发生的频次非常高。各种交通工具(车辆、轮船、飞机)在行驶过程中如果突遇天气状况反常,就极易发生交通事故。此外,驾驶人员在技术水平低、体能状况反常等(如酗酒、疲劳、性格暴躁)的情况下,也极易发生灾祸。

1987年12月20日,在菲律宾首都马尼拉以南海域,两艘严重超载的渡轮"维克托"号与"多拉·帕兹"号在行驶的过程中不幸相撞,引起剧烈爆炸和大火。两艘轮船全部沉入海底,致使3000余人在这次灾难中死亡。

5. 政治性灾害

政治性灾害是人们因为某种政治原因而酿成的灾难。例如第二次世界大战期间,美国为惩罚日本,用原子弹轰炸了日本的广岛、长崎,是人为制造的灾难。

又如,在抗日战争时期,国民党政府为阻挡日本侵略军进犯中原,在河南黄河花园口掘开堤坝,造成黄河决口,导致洪水灾害,给当地百姓带来了巨大的灾难。

6. 核灾害

当今世界,核电站日益增多,核能被广泛应用,由此也带来了诸多隐患。一旦核燃料泄漏或发生核爆炸,将会给人类带来不可估量的灾难。

2011 年 3 月 11 日,日本东北部海域发生里氏 9.0 级地震,地震造成日本福岛第一核电站 1—4 号机组发生核泄漏事故。日本政府紧急疏散方圆若干公里内的居民,以避免遭受核辐射伤害。

7. 犯罪性灾害

由贪赃枉法、玩忽职守所导致的灾害即为犯罪性灾害。例如 1998 年长江九江防洪大堤决口事故,2005 年广东兴宁煤矿的特大透水事故,1999 年重庆綦江虹桥垮塌事故,都是由于人为原因而导致的特大灾害。

此外,人为灾害除了上述所描述的 7 种外,人口过剩也是原因之一。人口过剩对土地资源、水资源、森林和物种资源、能源产生巨大的压力,进一步恶化了人类的生存环境。

第二节　自然灾害及分类

自然灾害,即指人类赖以生存的自然界中某个或多个环境要素发生了变化,从而导致自然生态失衡,生物种群或人群受到威胁、损害的现象。

自然灾害有很多种,包括地震、泥石流、海啸、冰雹、火山爆发、台风等。它给人类社会造成的危害往往是触目惊心的。比如干旱会导致农田大面积的受灾减产,给农民造成巨大的经济损失。同时干旱会导致农民和牲畜饮水困难,给农民生活带来一定的影响。而洪涝灾害会使大部分农田受淹,房屋、交通设施被摧毁,造成作物减产失收,给农民的生产生活造成极大的威胁。

我国是世界上发生自然灾害最多的国家,为了便于农民朋友了解各种自然灾害情况,我们把它做了细致的分类,以供参考。

一、按形成过程的长短分类

自然灾害形成的过程有长有短,有缓有急,可分为突发性灾害和缓发性灾害两种。

1. 突发性自然灾害

当致灾因素达到一定强度后,就会在几天、几小时甚至几分钟、几秒钟内发生灾害,如地震、火山爆发、泥石流、海啸、台风、洪水、飓风、风暴潮、冰雹、雪灾、暴雨等,这类灾害统称为突发性自然灾害。另外,旱灾、农作物和森林的病、虫、草害等,虽然一般要在几个月的时间内才能成灾,但灾害的形成和结束仍然比较快速、明显,所以也把它们列入突发性自然灾害。

突发性自然灾害容易使人猝不及防,因而常给人们的生命安全带来威胁,给经济的发展造成巨大的阻碍。

2. 缓发性自然灾害

土地沙漠化、水土流失、环境恶化、臭氧层变化、水体污染、酸雨等属于缓发性自然灾害。形成这些自然灾害的致灾因素因长期发展而逐渐显现最终暴发成灾的过程,通常要几年或更长的时间。

缓发性自然灾害发展虽比较缓慢,但若疏忽大意,不及时防治,同样会给人们的生命财产造成巨大的影响。

二、按照自然灾害发生的特点分类

根据自然灾害的特点,我们可以把它归为 7 大类:气象灾害、海洋灾害、洪水灾害、地质灾害、地震灾害、农作物灾害、森林灾害。

1. 气象灾害

我国的气象灾害有 20 余种,主要包括干旱、干热风、高温、热带气旋、龙卷风、雷暴大风、台风、暴风雪、暴雨、寒潮、冷害、霜冻、冰雹、酸雨大气污染、表土流失等。

其中干旱、台风、寒潮、大气污染将分别在本书的第三、五、六、十五章中做详细阐述。

2. 海洋灾害

海洋灾害包括风暴潮、海啸、海浪、海水、赤潮、海岸带灾害、海平面上升、海水回灌、厄尔尼诺的危害、拉尼娜的危害等。

其中赤潮是在特定的环境条件下,海水中某些浮游植物、原生动物或细菌爆发性增殖或高度聚集,从而引起海水变红的现象。严重的赤潮会导致鱼类因缺氧而死。

有些赤潮生物会分泌赤潮毒素,鱼、虾、贝类等海洋生物一旦摄食这些生物,会中毒而死。而这些被污染的鱼虾、贝类如果不慎被人食用,亦会引起人体中毒,严重时可导致死亡。另外,死亡后的藻体在分解过程中会消耗水中大量的溶解氧,同时释放出大量的有害气体和毒素,严重地污染了海洋环境。

3. 洪水灾害

洪水灾害包括暴雨灾害、山洪、融雪洪水、冰凌洪水、溃坝洪水、泥石流与水泥流洪水等。

其中,洪水和泥石流灾害将分别在第四章和第九章中做详细阐述。

4. 地质灾害

地质灾害的发生是因为自然或者人为因素的作用使地质环境或地质体发生变化,当这种变化达到一定程度时,便产生了诸如地面下降、泥石流、滑坡、地裂缝、塌陷、岩石膨胀、沙土液化、土地冻融、土壤盐渍化、土地沙漠化、火山等后果。地质灾害会给人类生命财产、环境造成极大的破坏。

5. 地震灾害

地震灾害主要包括构造地震、陷落地震、矿山地震、水库地震等。另外,由地震所造成的灾害,还会诱发各种次生灾害,如沙土液化、喷砂冒水、河流与水库决堤等。

我们会在第八章就地震灾害方面的内容为农民朋友一一讲述,这里就不再详说。

6. 农作物灾害

农作物灾害包括农作物病虫害、鼠害、农业气象灾害、农业环境灾害等。我们将在第十章、第十二章对农作物病虫害和鼠害做详细描述。

7. 森林灾害

森林灾害包括森林病虫害、森林火灾等。其中森林病害有 2918 种,森林虫害有 5020 种,森林鼠害有 160 多种。森林火灾多由高温引起,会给国家造成严重的经济损失。我们将在第七章就森林火灾方面的内容做详细阐述,这里就不再赘述。

第三节　原生灾害、次生灾害和衍生灾害

一、原生灾害

我国的台湾是一个美丽富饶的"宝岛",但由于它处于环太平洋地震带上,因此经常遭受地震的袭扰。

1999 年 9 月 21 日凌晨 1 时 47 分,台湾发生地震。在首次地震发生后一小时内,又连续发生了 6 次余震。这次地震震中在北纬 23.7 度,东经 121.1 度,位于台湾省花莲县西南。由于此次地震深度仅为地下一公里,属浅层地震,加上地震强度高,使得台湾居民的房屋被毁严重,人员伤亡惨重,造成巨大的经济损失。

据统计,地震发生第二日,受困者人数达 12308 人,伤者人数为 6534 人,死亡人数已达 2000 余人。台北县、台北市、苗栗县、台中市、彰化县、云林县等地灾情尤为严重。

许多等级高、强度大的自然灾害发生后,会引发一连串的其他灾害相继发生,这种现象叫灾害链。灾害链中最早发生的起主导作用的灾害称为原生灾害。上述案例中,即是原生灾害——地震的作用,从而导致地表、各类工程结构遭受破坏,由此引发人员伤亡和经济损失。

二、次生灾害

地震或其他等级高、强度大的自然灾害发生后,常常会诱发一连串其他灾害相继发生,这就是次生灾害。次生灾害有时甚至比原生灾害更严重。次生灾害常常会引发泥石流、山体滑坡、海啸、疫情等,常常会导致交通阻断、房屋桥梁倒塌、通信中断、毒气泄漏及扩散、生产和生活体系运转停滞等。

1960 年 5 月 22 日,智利接连发生了 7.7 级、7.8 级、8.5 级三次大震。强烈的地震引发了山崩、滑坡、泥石流和地面塌陷。大震过后,海水骤然上涨,呼啸的巨浪迅猛袭击了智利和太平洋东岸的城市和村庄。沿岸的城镇、港口、码头、田地顷刻变成一片汪洋,其中有两万多亩良田被淹,一千多所住宅被冲走,15 万人无家可归。

1975 年 2 月 5 日,海城发生 7.3 级地震。地震致使城镇房屋倒塌,水电设施遭到破坏,全市停水停电,城市陷入瘫痪的状态中。

1976 年 7 月 28 日,唐山发生 7.8 级地震。地震使得房屋倒塌,烟囱折断,近百万人被压埋在地下,供水、供电、通信、交通等设施全部毁坏。厂房在地震中纷纷倒塌,有些化工厂设备阀门被损坏,毒气外泄,导致人员伤亡。

另外,就台风而言,台风发生时常伴有大暴雨,引发洪水,致使房屋、桥梁以及山体等在洪水中长时间受冲刷、浸泡,虽然当时没有发生坍塌,但是待台风、洪水退去后,遭受过冲刷、浸泡的房屋、桥梁出现坍塌或者发生山体滑坡、泥石流等,这就是次生灾害。

此外,还有许多其他原生灾害引发的次生灾害,如寒潮、冰雪引起的交通阻断、通信线路被毁、越冬作物植株冻死等次生灾害,这里就不再一一叙述。

三、衍生灾害

自然灾害发生之后,不但给人类的生产生活造成很大的影响,而且还引发出一系列其他灾害,这些灾害泛称为衍生灾害。如地震的发生使社会秩序严重混乱,出现抢、掠等犯罪行为,给人民的心理造成极度恐慌,使人民的生命财产再度遭受损失。另外,地震中家人朋友的丧生,也给生还的人造成极大的心理创伤。再如,由于旱灾的发生,使得地表与浅部淡水极度缺乏,人们不得不饮用深层含氟量较高的地下水,长期如此因而患上了"氟"病。这些都称为衍生灾害。

衍生灾害有时比原生灾害的危害还大。因此,防止衍生灾害的发生与蔓延也是减灾的重要内容之一。日本在这方面就做得非常到位。

2011年3月11日日本发生8.8级特大地震。在这场大灾难中,日本政府一再呼吁民众要保持镇定,保持冷静,并做了大量的工作来舒缓地震中民众的心理恐慌情绪。那么,日本究竟实施了哪些措施来减少衍生灾害的扩散蔓延呢?

第一,地震发生当时,日本气象厅迅速发布海啸预警。地震发生半个小时之内通讯恢复,政府马上命令自卫队出动,赶赴受灾现场实施救援。

第二,地震发生之后,日本NHK电视台(日本广播协会电视台)全面跟进,不间断地轮流用日语、英语、华语、韩语四个语种,发布最新震情和可能发生海啸的地区,给予震区民众最大的帮助。

第三,公用电话、便利店、自动贩卖机全部免费,以保证人们在地震中有充足的食物,能及时联系到家人。

第四,日本地震前的准备堪称完美。除准备应急背包(备用眼镜、特定药品、纸尿裤或婴儿食品)外,日本民众清楚地知道地震时应迅速关闭燃气,躲在坚固桌子下,让门半开,以免受困室内无法逃生。

这些措施使得日本民众在地震到来时非常镇静。他们撤离和避难时次序井然,并没有出现慌乱的局面。尽管道路堵塞,但人们避难时所有的电视新闻都在报道灾难情况,很少有关于救援的报道,毕竟大多数人都安全,只有少数人惨遭不幸或是被高空掉下的东西砸到。

大量市民排队使用公用电话与亲人联系。仙台市民上街避难时,都会主动让出主干道,井然有序的站在道路两侧,尽量不阻碍交通。

可见,做好灾难发生前的准备工作,在灾难来临时,政府积极地疏导民众,给予民众精神和物质上的鼓励,是非常必要和可贵的,能大大减少灾害带来的危害。

第四节　灾害链

许多自然灾害,特别是等级高、强度大的自然灾害发生之后,常常会诱发出一连串的次生灾害与衍生灾害,这种现象就称之为灾害链。灾害链产生的原因是由于原生灾害能量的传递、转化、再分配和对周围环境的影响。

一、灾害链的基本类型

基本类型	定义
因果型灾害链	相继发生的自然灾害之间有因果上的联系
同源型灾害链	某一因素使得形成链的各种灾害接连发生的现象
重现型灾害链	同一种灾害二次或多次重现的情形
互斥型灾害链	某一种灾害发生后会阻止另一种灾害发生,或者令其减弱的现象
偶排型灾害链	一些灾害偶然在邻近的地区,在相隔不长的时间内接连发生的现象

二、灾害链的具体表现

1. 灾害链的具体表现一(以汶川 5·12 大地震为例)

(1)地震—建筑物倒塌—人员伤亡及财产损失灾害链。

2008 年 5 月 12 日,四川汶川发生里氏 8.0 级地震。地震使得汶川的公路、铁路、桥梁、电力、通信、水利等基础设施和厂房严重损毁。据不完全统计,至5月23日,地震中倒塌的房屋有546.19万间,严重毁坏的房屋达593.25万间,导致数百万人无家可归。

截至7月20日12时,四川5·12地震中丧生人数为69197人,失踪18222人,374176人受伤。

9月4日,国务院新闻办公室发布的调查评估报告显示,这次四川5·12地震造成的直接经济损失达8451亿元人民币。

(2)地震—山体崩塌、滑坡以及泥石流—阻断道路交通灾害链。

四川5·12地震发生后引发山体崩塌、滑坡和泥石流,致使汶川县城内的213、317国道及省道交通被全部阻断,给救援人员、救援装备和救援物资进入和运输到重灾区带来了极大的困难。各路救灾人员不得不采用空投、空降、徒步以及冲锋舟等方式进入重灾区,除了给抗震救灾工作带来了困难外,也降低了救援速度和效率。

另外,道路被摧毁后致使灾区的地震伤员无法及时运出救治,导致地震中伤亡的人数不断增加。

(3)地震—人、畜死亡后尸体腐烂—污染水源—瘟疫灾害链。

5·12地震后,大批灾民、志愿者、军队救援人员等集中在灾区,随着天气的转热,人、畜死亡后的尸体极易腐烂,并污染水源,容易引发疫情,这是地震后的一个重大隐患。

从5月20日凌晨开始,为了防止疫情的发生蔓延以及堰塞湖出现水污染,北川县城开始"封城"。除救援人员外,其他人员一律不准进入城区。震后8天,救援人员将工作重点转向尸体处理和消毒防疫。

(4)地震—毁坏植被和农田—形成荒芜的迹地—林业和农业减产灾害链。

在汶川地震中,山体中上部大量的植被被破坏,形成了荒芜的迹地,直接威胁到了当地珍稀的动植物资源——大熊猫的生存。由于理县、汶川等地区的农田大多集中在山体中下部的坡地和河谷区域,泥石流的发生将农田冲毁,农民损失了大量的耕地,导致减产或绝收。

2. 灾害链的具体表现二(以台风和鼠害为例)

(1)台风—洪涝灾害—建筑物倒塌、交通中断、农田被毁—人员伤亡和财产损失严重。

1997年8月18日,9711号台风在浙江温岭石塘镇登陆。强台风的登陆使得温岭市一线海塘全线毁损。狂暴雨致使台州大地变成了水乡泽国……上海随即也出现了狂风、暴雨、高潮位天气。上海市刮起了8—10级大风,普降暴雨59—87毫米。黄浦江沿线、长江口潮位均超历史记录。市区有三处防汛墙决口,水倒灌近20处,70条街被积水漫溢,500余间房屋倒塌,2000余间房屋受损。郊区农田受灾面积达500平方公里。台风导致135个飞机航班不能按时起降,22条轮渡线全部停止行驶,造成的直接经济损失约6.3亿元以上。

(2)鼠害—啃食牧草致使草场退化,传播疾病。

新疆阿勒泰地区是我国的重点牧区之一,这里水草肥美,物产丰富,有1.4亿多亩草场。

2010年5月,新疆阿勒泰草场遭遇鼠害侵袭,主要鼠种是大沙鼠。1900万亩草场发生鼠害,其中福海县、青河县萨尔布拉克一带的鼠害特别严重。进入5月份以后,鼠害进入繁育高峰期,大量啃食牧草、大量挖洞,致使牧草死亡、草场退化,同时还传播各类流行病,给人民的生活、生产和生态环境造成了威胁。

此外,灾害链的表现形式还有很多,例如,冰雹会损坏房屋、庄稼,人、牲畜也很容易被砸伤;干旱天气会使湖泊、河流水位下降,部分河流湖泊甚至干涸、断流,水生动植物消亡。另外,干旱还会导致草场植被退化,加剧了土地的荒漠化,水生动植物消亡。这些不仅使人们的生产生活遭受影响,也严重毁损了自然生产环境,值得引起重视。

农业气象谚语

1. 麦苗盖上雪花被,来年枕着馒头睡。
2. 冬雪年丰,春雪无用。
3. 下秧太冷怕烂秧,小秧出水怕青霜。
4. 桑叶逢晚霜,愁死养蚕郎。
5. 风刮一大片,雹打一条线。
6. 水荒一条线,旱荒一大片。
7. 七月十五定旱涝,八月十五定收成。

第2章

灾害现场紧急救护常识

第一节　紧急呼救——我需要帮助

当我们身处灾害现场需要紧急救助,手中却没有可以使用的通讯工具时,该怎么办? 遭遇危难,我们要懂得利用身边一切可利用的资源,根据情况选择适合的方法向外界发出求救信号,向人们传达"我需要帮助"的信息。这一节让我们来了解一些基本的紧急呼救方法。

一、距离救援较近的情况

在距离救援比较近的情况下,我们可以选择的求救方式有制造声响求救和抛掷软物求救。

1. 制造声响求救

一旦被困事故现场,大声叫喊是最简单易行的求助方法。除此之外,我们还可以利用吹响哨子、汽车鸣号、敲击脸盆等方式制造声响。如果身处的环境比较特殊(如隧道、矿井等),有节奏地敲击管道、钢轨也可以吸引周围的注意。

2. 挥抛软物求救

这一方法较适用于高楼遇险。我们可以在窗边、天台等易被发现的位置挥动衣物或者抛掷枕头之类的软物向外界发出求救信号。

二、距离救援较远的情况

利用光线求救、烟火求救和字样求救比较适合距离救援较远的情况。

1. 光线求救

若是在白天遭遇危难,镜子、手表、水杯和金属铂片等任何反光的物体都可以成为信号源。手电筒、闪光灯和打火机的光亮尤其可以在夜间吸引救助者的注意。光线求救信号是1分钟闪照6次,停止一分钟后继续发出相同的信号。我们在利用光线求助时要注意传达出准确的信息。

2. 烟火求救

只要我们稍稍留意就会发现,很多电影中的人物一旦遇到了被困孤岛这样的危急情况,便会点燃树枝,利用烟、火求援。虽然电影情节的真实性有待商榷,但其中蕴含的知识值得我们借鉴学习。当遇到险情却孤立无援时,制造醒目的烟柱和火光是十分有效的求救手段。

（1）烟。

气象条件比较好的白天,烟柱很容易引起人们的注意,让救助者了解受困者的具体位置。国际通用的受困信号是三柱烟,而且越是与背景颜色反差强烈的烟柱,作为呼救信号的效果越好。例如,夜间背景颜色较深,我们可以在火上浇水制造白烟;背景颜色较浅时,可以添加含有油脂的物体制造黑烟。

（2）火。

在黑暗中,耀眼的火光作为求救信号非常有效。如果有条件,最好燃起三堆火并将火堆围成三角形——国际通用受困信号。另外,点燃树木无疑是吸引注意力的有效手段。利用这两种方法求援需要注意周围的环境,应选择空旷和树木不是非常密集的地方,在不危及人身安全及周围环境安全的情况下向救援者传达信息。

三、SOS 国际求救信号

相信即使没有受过专业救援训练的人也听说过国际求救信号"SOS"。"SOS"究竟是什么？很多人认为"SOS"是三个英文单词的首字母缩写,这种理解是不正确的。SOS 是摩尔斯电码求救信号,原本并没有任何意义。之所以使用这三个字母组合,只是因为它简洁明了,容易发出和识别。

如今,"SOS"可用"三短三长三短"的任何信号来表示,不再限于电报求救。如利用闪动的光线和各种声响按组发出 SOS 求救信号。另外,由于 SOS 这三个字母倒置过来也没有变化,所以在寻求高空救援时,可以利用各种物品在显眼位置拼出"SOS"字样。

我们最终的目的是获得救援。因灾害现场情况复杂多变,所以向外界求救的方式也并不是固定的。面对紧急情况,我们大可将这里提到的求救方式作为参考,随机应变,使用最有效的方法吸引救护者的注意。

第二节　电话报警——让灾情迅速传达

现代社会中电话普及面广、操作简单,已经成为人们生活中必不可少的通讯工具。而遇到紧急情况利用电话向外界传达信息也成为人们的共识。

全国统一报警电话有:"110"、"120"、"119"。一旦遇到灾害事件,我们要保持冷静和思路清晰,特别是当人身安全受到侵害时,要想方设法拨通报警电话求助。需要注意的是,我们必须掌握正确的报警方法,才能在最短的时间内获得救援。

一、"110"报警电话

1. 适用情况

"110"报警电话,适用于各类刑事案件、治安灾害和自然灾害。当公众的人身财产安全或生活秩序受到威胁,需要公安机关的救助时(如遇抢劫、强奸、杀人、公共设施故障或溺水、人员走失等紧急情况),即可拨打110报警电话求助。

2. 报警要点

本地报警使用移动电话或者有线电话直接拨打"110",异地报警需加拨当地区号。电话接通应立即询问"是110吗?"或使用类似的语句确认号码的正确性。确认之后向公安机关说明情况,告知灾害发生的时间、地点、性质、伤亡情况(尽量留下更多的线索),并说清自己的真实姓名和联系方式。对于不清楚所处具体位置的情况,我们需要将标志性建筑或者指示性标志描述清楚,以便救助人员确定位置。报警时语言要简洁、有条理性。

3. 注意事项

(1)要在保护好自身安全的情况下拨打求助电话。如果犯罪分子正在行凶,要与其斗智斗勇,在不被注意到的情况下拨打"110"。

(2)为了配合公安机关调查取证,在拨打110报警电话后,要注意保护现场。

二、"120"急救电话

1. 适用情况

生活中难免遇到急病或者意外灾害事故,而"120"正是人们在生命健康安全受到威胁、需要紧急治疗时的呼救电话。自己或者他人突发急病或者意外重伤,可以随时拨打"120"急救电话寻求救护。

2. 报警要点

拨打急救电话时语言尽量简洁明了。电话接通后首先确认联系到的是120救护中心,然后报告需要救护人员的情况(人数、性别、年龄、所处位置、病情或伤情等),留下自己的姓名和联系方式,以便进一步的沟通和救助。要注意,如果有特殊需要应提前说明,而且在得到救护中心的示意之前不要挂断电话。

3. 注意事项

(1)拨打"120"急救电话后,应及时接应并引导救护人员赶到事故现场,使得伤、病人员在最短的时间内得到救治。

(2)如果是急病突发的情况,家人要为病人准备好病历和可能会用到的物品。

三、"119"火警电话

2009 年 1 月末,福建长乐市"拉丁"酒吧发生火灾,造成 19 人死亡、24 人受伤。同年 11 月,上海静安区住宅楼火灾酿成 53 人死亡、70 人受伤的惨剧。2010 年 7 月,江苏栖霞化工厂爆炸事故中有 13 人死亡、120 人受伤。2010 年 11 月,吉林珲春街商业大厦发生火灾,事故导致 19 人死亡、28 人受伤、1 人失踪。

俗话说:水火无情。一场场火灾事故,留给人们的是惨痛的记忆,足以引起每个人的重视。我们都应记住火警电话,遇到火灾及时报警,以缩小受灾范围。

1. 适用情况

一旦遇到火灾,只有及早拨打"119"向消防队求援,才能最大限度地防止灾情蔓延、减少损失,保护生命和财产安全。除了遭遇火险,在遇到各种重大自然和人为灾害时,我们也可以拨打"119"请求救助。

2. 报警要点

救火必须争分夺秒,但是拨打报警电话时一定要冷静,不要因为惊慌失措延误救火的最佳时机。拨通电话后首先要确认电话的正确性,以保证确实联系到了火警中心。之后清晰准确地说出失火地址或者方位、环境、原因、程度以及燃烧物,以帮助消防人员快速了解火情,采取相应的灭火措施。最后留下自己的姓名和联系方式,并在得到火警中心的回应后挂断电话。

下面的口诀可以帮助大家更容易地记住报警时需要注意的事项：

> 火警电话119,特殊电话要记清。
> 遇到火情才使用,私乱报警要严惩。
> 报警时候要讲清,门牌街道及号码。
> 燃烧物质要说明,放下电话去迎警。
> 争取时间损失小,生命财产有保证。

3. 注意事项

拨打"119"报警电话后,需要有专人在路口位置为消防人员做引导,以便迅速到达失火现场。

"110"、"120"、"119"是全国统一的报警电话,不收取报警人的任何费用,即使是公用电话也是免费拨打。但是这不意味着报警电话可以随意拨打。谎报警情、故意骚扰要负法律责任。所以我们要记住,切不可因为好奇而随意拨打报警电话。

第三节　判断危重伤情——小细节,大用处

在事故现场发现伤员,救护人员应首先检查伤员的意识、气道、呼吸、循环症状与体征等,并迅速进行检伤分类,将重伤员尽快从伤亡人群中筛选出来,然后依病情的轻重及时送往医院进行抢救。

一、对伤者病情进行判断评估

1. 检查神志是否清醒

伤员神志是否清醒,关系到病情的危重程度。在对伤员进行推动、拍打、呼唤时,如果有肢体运动或睁眼等反应,说明其尚有意识,

应首先重点检查,对症救治。如若伤员对上述刺激毫无反应,则预示伤员的病情严重,应及时治疗。

注意,当伤员神志清醒时,应尽量记下伤员的姓名、住址、受伤经过等情况。如果伤员有反应,但不能咳嗽、说话,那么很有可能是气道堵塞所致。

2. 观察呼吸是否正常

正常人每分钟呼吸 15—20 次。当伤员受伤时,应观察其呼吸,看是否正常。可利用眼看、耳听、皮肤感觉三种方法来判断伤员有无呼吸。

眼看即是用眼睛观察伤者的胸部或上腹部是否有上下起伏活动;耳听即用耳朵贴在伤者的鼻腔或口腔前,体察是否有呼吸声;皮肤感觉即是用面颊感觉伤者有没有呼吸气流。

病情危重的伤者常常会出现鼻翼煽动、口唇紫绀、胸廓没有起伏、呼吸困难等症状,此时应立即对其进行人工呼吸。

3. 观察心跳、脉搏是否正常

正常儿童心跳每分钟 110—120 次,成人每分钟为 60—80 次。救护人员应将耳朵贴紧伤员的左胸壁听其心跳。心跳加快,每分钟超过 100 次;或减慢,每分钟 40—50 次,都应引起重视。当无法听清心跳、心跳停止,即将危急伤员生命时,应立即对其实施心肺复苏进行抢救。

救护人员还可通过检查伤者脉搏对其进行救助。正常成年人脉搏为 60—100 次/分,大多数人为 60—80 次/分,女性稍快。救护人员可用中指和食指轻轻地触及病人手腕部的桡动脉,如果感觉不清楚,可以触摸病人颈部的颈动脉,大腿根部的股动脉也是最容易触摸到脉搏跳动的地方。一旦发现脉搏消失,应立即对伤者做胸外心脏按压进行抢救。

4. 检查瞳孔是否正常

眼睛的瞳孔位于黑眼球的中央。正常人双眼的瞳孔是等大等圆的,在遇到强光的情况下会迅速缩小,很快又恢复原状。对于脑部受伤、脑出血、严重药物中毒的伤员,两侧瞳孔会呈现散大或一大一小的状态。瞳孔缩小时可缩小为针尖大小,扩大时可扩大到黑眼球边缘,并对光线刺激无反应或反应迟钝。

5. 检查伤员是否有大出血

伤员出血可分为内出血和外出血。内出血通常表现为三种症状:

(1)脉搏跳动弱且快,一分钟可达120次以上。

(2)身体奄拉没有精神,反应冷漠迟钝。

(3)出血性休克,脸色苍白难看,出冷汗。

除了对伤员进行上述五种病情判断外,还要对其头部、颈部、胸部、腹部、盆腔和脊柱、四肢进行检查,看有无开放性损伤、骨折畸形、触痛、肿胀等体征。

另外,还要注意伤员的总体情况,如表情淡漠不语、冷汗口渴、呼吸急促、肢体不能活动等现象为病情危重的表现。

二、依病情对伤者进行分类,及时送往医院抢救

迅速对伤员的伤情做出判断与分类,目的是确定急救的先后次序。在突发的灾害事故现场,医疗救援力量往往是有限的,因此必须将有限的时间、空间、人力、物力等条件用在刀刃上,依照伤员伤势的轻重进行抢救。发现危重病伤员,应立即对其实施紧急抢救,以拯救生命;而对轻病微伤的患者,则可稍后做医疗处理。

经过现场伤员分检,可将伤员按治疗的优先顺序分为以下四级:

1. 一级优先

用红色标签表示。这类伤员的重要部位或脏器遭受严重损伤,需立即对其进行复苏和手术,治疗绝不能耽搁。可在送往医院前做维持生命的小手术,如止血、放置胸管和静脉输液插管等。其他须立即做的小手术有:颈部固定和开放性气胸创口的封闭等。

2. 二级优先

用黄色标签表示。二级伤员的重要部位或脏器有损伤,生命体征不稳定,短时间内不会发生心搏呼吸骤停,将其送往医院手术可以耽

搁40—60分钟。中等量出血、较大骨折和烧伤的伤员等也包括其中。

3. 三级优先

用绿色标签表示。轻伤员的内脏和重要部位均未受到损伤,仅有皮外伤或单纯闭合性骨折,伤员不会有生命危险,因此其治疗不是紧急的,后送和治疗可以耽搁1.5—2小时。

4. 四级优先

用黑色标签表示。这级伤员包括濒死的和抢救无望的两类。

第四节　急救互救——我们一起活下去

我们都不希望遭遇灾害事故,但是这不意味着事故就不会出现。为了在发生意外时可以沉着应对、及时采取措施挽救生命,我们应学会急救互救原则,掌握急救互救方法,提前做好应对灾害事故的准备。遭遇危难,我们一起活下去——这是最好的结果。

一、急救互救原则

灾害现场急救互救,挽救濒死的生命是第一要务。所以要秉持"先救命后治伤"的原则,在实施救护时"先复后固",即先对重伤或重病者进行救治、处理危及生命的损伤,再护理伤病情较轻的人员,防止情况恶化。

如果灾害事故导致多人受到伤害,那么,在专业医护人员到达之前,伤病情较轻者应该主动照看伤病情较重者,并且在能力、工具等各方面条件允许的情况下进行急救。对于没有救护常识和经验的人,盲目触碰伤病人员是大忌。

二、急救互救步骤

1. 报警或发出紧急救援信号

遇到灾害事故现场出现人员伤亡的情况,应立刻拨打"120"急救电话通知急救中心,并在求援后对伤病人员实施紧急救护。如果缺少必要的联系工具,可以大声叫喊或者发出其他救援信号请求帮助。如果现场人员较多,最好选择分工合作,求援和急救同时进行,这样可以挽救更多的生命。

2. 选择适合的救护体位

在进行急救互救时,需要根据伤病者的情况选择适合的救护体位。如呼吸困难者取半卧位;失去意识但尚有呼吸和脉搏者取侧卧位;呼吸和心跳停止、需要心肺复苏者取仰卧位。

3. 保障伤病者呼吸顺畅

为避免伤病人员窒息,救护者必须注意掏出阻塞伤病者呼吸道的异物(如泥沙、分泌物等),或者将已经失去意识伤病者的头侧向一边,以引流出异物。

4. 进行创伤处理和心肺复苏

灾害事故现场常常出现受到重伤和心脏骤停的人员,需要及时进行创伤处理(止血、包扎、固定)和心肺复苏才可以挽救他们的生命。

(1)创伤处理要点。

止血是创伤处理的第一步,常用的止血方法有四种:

第一种是指压止血法。较大的动脉出血后,用手指压迫距离出血位置最近的动脉血管,使血管被压闭住,即可阻断血流,达到止血的目的。但只适用于易压迫的动脉血管附近位置出血的情况。

第二种是加压包扎止血法。加压包扎止血法适用于小动脉以及静脉或毛细血管的出血。进行止血时,敷料最好使用无菌纱布。不过,在缺少专业止血用具的情况下,可以用任何洁净的物品,如棉花、毛巾、衣服、床单等来代替无菌纱布。

第三种是填塞止血法。这是将无菌纱布、棉垫、干净的布料填塞在伤口内,再进行加压包扎,以达到止血效果的止血方法。

第四种方法是止血带止血法。这种方法适用于四肢动脉大出血,主要是用橡皮管或胶管止血带将血管压瘪而达到止血的目的。止血时要先用布料或者棉絮之类的物品做缓冲,再将止血带绷在上肢或下肢的上 1/3 部位。注意要每隔一小时(寒冷时为 30 分钟)放松 2—3 分钟。放松止血带的目的是为了避免结扎太久而导致肢体缺血坏死。

止血后,要对伤口进行包扎。三角巾包扎法简单方便,可用于全身包扎,在生活中应用范围比较广。如果选择绷带包扎,肘、膝、踝关节等部位可采用"8"字法,而螺旋包扎法更适用于四肢的包扎。

身处灾害现场,我们可以根据具体情况选择其中一种或者多种止血法。施救时切忌手指和纤维沾到伤口。另外,如果发现人员骨折,应该立即进行固定,以减轻伤者疼痛感,防止伤势进一步恶化。灾害现场极有可能缺少必要的救护用具,在这种情况下,我们可以利用木板、树枝等物体进行临时固定。

(2)心肺复苏要点。

一旦判定伤病者呼吸心跳骤停,最好在 4 分钟内进行心肺复苏。首先帮助伤病者仰卧在坚硬的平面上(仰卧位)打开气道,之后进行人工呼吸(口对口、口对鼻等)和胸外按压(2 次人工呼吸接着 15 次胸外按压)。发现伤病者呼吸、脉搏等生命特征明显恢复,即可将其翻转为侧卧位。

灾害现场应急法则

1. 119、110,报警电话要记清。

2. 流血了,快急救,纱布包扎最管用。

3. 骨折后,不乱动,赶紧拨打 120。

4. 事故现场要保护,受伤人员要帮助。
　　做好一名目击者,肇事车辆记特征。
　　交通安全很重要,伤害救助我能行。

第二篇

自然灾害

第3章
旱灾

第一节　为什么干旱如此频繁

　　2008年,云南连续三个月没有降雨,导致大范围干旱发生。据统计,云南昆明山区有近1.9万公顷农作物受旱,13万人饮水困难。农作物总受灾面积达1500多万亩。

　　2009年秋季,我国西南地区出现高温少雨天气,加上蒸发量大,致使广西、重庆、四川、贵州、云南5省(自治区、直辖市)遭遇干旱,5000多万人困于水荒。其中云南全省、贵州大部、广西局部持续受旱时间超过5个月,使得当地的群众出现饮水困难,粮食大面积绝收,给群众的生活、工农业生产,包括经济社会发展都造成了严重影响,损失十分严重。

　　2011年,三峡大坝所在地宜昌遭遇十年罕见秋冬春连旱。从2010年11月至2011年5月,宜昌平均降水量比历年同期均值偏少五成以上,致使成千上万亩禾苗枯萎,大片大片的土地龟裂。灾情高峰时,25万多人和9.5万头大牲畜饮水困难,136万亩农田不同程度受灾。宜昌投入抗旱群众22万人,抗旱资金8000多万元。

　　干旱,是指水分的供与求不平衡造成的水分短缺现象。干旱致使土壤水分不足,不能满足水稻、蔬菜、牧草等农作物生长的需要,造成较大的减产或绝产。旱灾是普遍性的自然灾害,不仅农业受灾,严重的还影响到工业生产、城市供水和生态环境。

据不完全统计,我国从 1950—1999 年,平均每年受旱面积约 2102.3 万公顷,约占各种气象灾害面积的 60%,每年因旱灾损失粮食 100 亿千克。其中,1959—1961 年三年连旱,受旱面积达 10980 公顷,减产粮食 611.5 亿千克。那么,为什么我国干旱频繁发生?

一、气候原因

第一,大气环流异常,海气和陆气相互作用会导致降水量偏少,蒸发加剧,这是引发干旱的根本原因。

例如,我国北方冷空气活动路径偏东,导致云贵高原地区冷暖气流很难交汇,降水量持续偏少。厄尔尼诺现象使得中东太平洋海温异常,夏季风强度偏弱,水汽输送少,造成云南等地产生持续气象干旱。

第二,我国大部地区属于亚洲季风气候,降水量受地形、海陆分布等因素影响,在区域间、季节间分布很不均衡。南北水资源分布极不平衡,造成的区域缺水是我国干旱灾害频发的重要原因之一。

我国南方地区降雨量比较充沛,年平均降雨超过 1000 毫米,而北方地区降雨量稀少,年平均降雨量低于 400 毫米,这种降雨分布的不均衡导致我国北方地区水资源短缺。长江流域及其以南地区国土面积占全国的 36.5%,但水资源占全国的 81%;而淮河流域及其以北地区国土面积占全国的 63.5%,而水量仅占 19%。这种状况导致北方干旱频发,资源型缺水严重。

第三,降雨的季节性导致季节性缺水,也是造成连续干旱的原因。我国的降雨在年内具有明显的季节性,每年的 6、7、8 三个月是雨水的集中期,降雨量非常大,占全年降雨量的 70%—80%。这段多雨的时期过后,降雨量逐渐减少,而工农业用水量依然巨大,水资源供需出现矛盾,季节性缺水严重,又导致大旱的发生。这样循环往复,致使我们国家几乎每年都有旱灾发生。

二、人为原因

第一,植被是天然的储水库,在我国生态环境的保护上占有非常重要的作用。然而近些年来,人们为追求经济效益,不断地乱砍滥伐,导致森林覆盖面积大幅度减少,而植被的破坏和森林覆盖的下降,直接导致许多支流季节性干涸,或者源头向干流方向萎缩。

第二,随着我国人口的增长,经济的发展,生产和生活用水持续增加,致使水资源供应不足。加上水污染严重,人们节水意识淡薄(农村浇地大水漫灌,城市园林仍用自来水浇灌等),进一步加剧了水资源供需之间的矛盾,加大了旱灾发生的机遇。

第三,干旱导致的后果也是严重的。干旱缺水造成地表水源补给不足,致使人畜饮水发生困难,人们不得不大量超采地下水来维持生产和生活。然而,超采地下水又会引发地下水位下降、地面沉降、海水入侵等一系列的生态环境问题。另外,干旱还会导致土壤缺水,加剧土地荒漠化进程。

面对旱灾,要求我们人类做好环境保护工作,减少工业污染物的排放量,积极植树育林,营造良好的生态环境,以减少旱灾的发生,降低旱灾的危害。

第二节　对抗干旱,重在预防

自 2010 年 9 月以来,山东降雨量持续偏低,出现秋、冬、春连旱现象,全省气象干旱程度已达特大干旱等级。旱情发生以来,山东省上百万人吃水困难,几十万头牲畜出现临时性饮水困难,农田受旱面积达到 4000 多万亩。全省从鲁南到鲁北、从半岛到内陆、从山区到平原,同时遭遇气象干旱。

其实,不独是山东,北京从 2010 年 10 月到 2011 年 1 月,已连续三四个月滴雨未现,冬小麦缺水严重,人畜饮水困难突出,整个华北、黄淮地区旱情都很严重。

干旱给人们的生产生活带来了极为严重的影响,表现为:农牧业减产,人畜饮水发生困难,农牧民陷入贫困之中。同时,干旱还会引发自然灾害,如森林火灾和草原火灾等。干旱到来时,我们往往需要花费大量的人力和物力进行对抗。其实,如果在干旱到来之前,我们能采取有效的预防措施来防治干旱,就能有效地减轻干旱的影响,减少一定的损失。

那么,对抗干旱的预防措施主要有哪些?

一、兴修水利,发展农田灌溉事业

农业是用水大户,解决农业用水问题,一要积极开展农田水利基本建设,鼓励农民对直接受益的小型农田水利设施投工投劳;二要大力推广节水灌溉技术,扩大有效灌溉面积。

我国很多地方干旱,反映出了农田水利建设的滞后,农田水利设施和设备老化,难以抗御重大自然灾害。因此,加强对小型农田水利的建设、运行、管护和维修,势在必行。

另外,还要大力推广节水灌溉技术。主要措施有:

1. 田间地面灌水技术

改变大水漫灌、大畦大沟灌溉的方式,大力推广长沟改短沟,宽畦改窄畦的田间灌溉方式,能有效节约用水,提高灌水的利用率。

2. 管道输水灌溉

将硬塑管、软塑管埋设在地下或地面,将灌溉水直接输送到田间。这种方式能节省大量灌溉用水,且耗费的资金较少。

3. 微灌技术

微灌即利用微喷灌、滴灌、渗灌及微管灌等微灌方式作用于作物根系旁边。微灌一般适用于大棚栽培和高产高效经济作物。另外,微灌时,可将可溶性的肥料随水施入作物根区,能有效补充作物所需的营养,增产效果好。

4. 喷灌技术

喷灌是目前农作物较理想的灌溉方式,多在生产水平高、经济条件好的地区使用。喷灌即是将灌溉水加压,通过管道,由喷水嘴将水喷洒到灌溉土地上,喷灌与地面输水灌溉相比,能节水 50%—60%。但喷灌所用管道费用较高,能耗较大,成本也相对偏高。

5. 灌水时机

在水资源紧缺的条件下,应选择作物一生中对产量影响最大的时期灌水,如棉花花铃期和盛花期、大豆的花芽分化期至盛花期等。

二、改进耕作制度,选育耐旱品种,增施有机肥,对地面保墒护墒

第一,对土地进行深耕深松,增加透水性,加大土壤蓄水量。减少地面径流,更多地储蓄和利用自然降水。

第二,选用抗旱品种,以种省水。应在缺水旱作地区大面积种植抗旱性强的品种,如地瓜、花生等。在同一作物的不同品种中选择抗旱性好的品种。如新的耐旱水稻品种"威优 35"和"汕优 63",抗旱效果非常好。

第三,合理增施有机肥,以肥补水,可降低生产单位产量用水量。在旱作地上施足有机肥可降低用水量 50%—60%。

第四,地面覆盖保墒。在春播作物上用薄膜覆盖地面,可增温保墒,抗御春旱。另外,用粉碎的秸秆均匀覆盖在作物或果树行间,能减少土壤水分蒸发,起到保墒作用。

三、利用抗旱剂或保水剂进行防治

黄腐酸制剂是目前应用较广泛的抗旱剂。可用黄腐酸制剂对农作物叶面进行喷洒,以减少叶面水分蒸发,抗御季节性干旱和干热风的危害。喷洒一次持效期可达 10—15 天。

保水剂是一种吸水能力特别强的功能高分子材料。它不溶于水,但能反复释水、吸水,被广泛应用于农业、林业和园艺上。农民朋友在使用保水剂时,可将其用作种子涂层,也可用作地面喷洒、幼苗醮根,或沟施、穴施等方法直接施到土壤中。土壤中渗入保水剂后,能有效抑制水分蒸发,提高土壤含水量,有利于农作物的健康生长。

第三节　果园遭遇旱灾的应对策略

2008年11月到2009年3月,甘肃镇原县一直没有有效降雨,持续的干旱致使当地的果园受灾严重。当地果园受灾总面积为21万亩,其中苹果受旱面积达到12.3万亩,杏子受旱面积达到6.8万亩。面对严重旱情,镇原县政府积极组织果农进行灌溉、修剪、追肥等抗旱工作,在全县掀起了抗旱热潮。

2010年10月至2011年2月,唐山市遭遇秋冬春持续干旱。根据天气预报,这种旱象可能持续到5月才能结束。而4月份前后,正是桃、李、苹果等果树开花结果急需水分和养分的时期,土壤中含水量少,势必会造成果树迟迟不开花,或虽已开花但花朵质量差,果树坐果率低的现象出现,影响秋天的收成。

同样,春季是多数果树播种、开花、抽枝发芽的季节,过度干旱会对种子的顺利出土、苗木生长、成树带来不利的影响。针对果园遇到的情况,我们建议用以下方法来应对,将干旱给果农造成的损失降到最低程度。

一、种苗生产及苗圃抗旱管理

1. 种苗生产抗旱管理

(1)大旱时,根据土壤墒情,应用节水灌溉的方式(如微喷灌、滴灌、渗灌等),对种子园圃进行及时科学的灌溉,以促进树木正常生长。如果没有灌溉条件的母树林,应采用地面覆盖、除草的方法减少土壤水分蒸发。

(2)播种前应进行深耕细耙,对土壤进行消毒处理(如用2%—3%硫酸亚铁药液喷洒土壤),以防止干旱引起的病虫害。

（3）土壤严重干旱时的育苗措施。首先剪取果树的茎、根等，将其做浸水处理或采用 ABT 生根粉、吲哚乙酸、萘乙酸等溶液处理，以促进其生根。然后做窄垄，覆地膜，将剪取的果树茎、根等插入土壤中。待到可以起苗或移植时，应选择在阴天或早晚温度低的时间进行。土壤过于干燥，起苗时根系的须根容易受到损伤，所以应在起苗前一周灌足水。

2. 苗圃抗旱管理

遇到大旱的天气，应及时灌溉果园。灌溉的时间以早晨或傍晚为好，这样可以减少水分蒸发，有利于土壤的有效吸收。对于严重缺乏土壤水分的果园，应多次灌溉并且灌溉量要大。

在气候干旱、土壤水分缺乏严重时，灌溉次数应多些，灌溉量可大些；对于沙土，由于其保水力差，所以应多次、少灌；对于黏壤土，由于其保水力强，所以应少次多量。总之，每次灌溉量能保证果树苗木根系处达到湿润状态即可。

二、幼树、成树抗旱管理

1. 对果树进行灌溉，节水保墒

（1）节水灌树。果树遭遇干旱，且水源不足的情况下，可根据树体大小，在树冠投影向外 50 厘米处，挖直径 40 厘米，深 30 厘米的灌水坑（大树在四方各挖一个，小树在相对两方各挖一个），每坑灌水 30—40 千克，施尿素 100 克。等到坑内的水渗透干后，浅耕坑底，再覆土还原和浅耕树盘，即可缓解果树缺水缺肥的状况。

（2）穴贮肥水。穴贮肥水是干旱果园最重要的抗旱保水技术之一，在土层较薄、无水浇条件的山丘地效果尤为显著。它的具体操作方法是：在树冠外围挖 3—5 个 30 厘米左右的坑穴，坑内装满杂草，并加入 130 克左右的磷酸二铵或其他肥料，上覆地膜，地膜上留一小口，然后灌水至坑满，小口上盖一瓦片。采用这种方法既可省水，又可随水进行追肥，给果树补充养分，同时草腐烂后还可变为腐殖质营养。

2. 对果树进行修剪、防灼、增施肥料

(1)对于受旱较轻的幼苗、幼树,可及时剪除被烧灼的芽叶;对于受旱严重,根系死亡的幼苗、幼树,要及时进行清理,以保持果园的卫生状况良好。

(2)树干防灼。春旱之年,太阳毒辣,常会照在果树西南方距地面50—100厘米段的主干上,日复一日的直射暴晒使树的皮层被灼伤,影响树的健康生长。因此,应用涂白剂或石灰浆对果树树干进行涂抹,或用草绳裹扎树干,以避免阳光直射在主干上造成灼伤。

(3)根外追肥。从5月上旬开始,每隔10—15天对根外进行补水追肥。喷时把喷杆伸进树冠内,尽量多喷叶背,以喷在叶面上的肥液欲滴而不滴最佳。前期用200—250倍尿素水进行喷施,后期用300—350倍硫酸钾水进行喷施。叶片吸收到急需的水分和肥效后,会缓解旱情。注意,喷布的时间为上午8时半至11时和下午4时后。

(4)增施有机肥。施肥应以有机肥为主,推广实施白花草木樨、紫云英、苕子、紫花苜蓿、沙打旺、紫穗槐等果园绿肥,以增强果树的抗旱能力。要注意,在压青时应一层绿肥一层土,以避免绿肥过多,分解热量过大,烧伤根系。对于丘陵、山坡及无灌溉条件的旱地果园,为增强果树的抗旱能力,可在6—8月份温度高时连续喷施1—3次5%—6%的草木灰浸出液(草木灰5—6千克,加清水100千克,充分搅拌后浸泡14—16小时,过滤除渣)。

3. 松土保墒,改良土壤

(1)松土保墒。没有进行地面覆盖的果园,在干旱天气的作用下,土壤中的水分很容易上升到地面蒸发掉。农民朋友应经常对地面进行划锄,使表土细而松,以保护墒情,缓解干旱对果树的影响。

(2)改良土壤。在墒情较差的情况下,不宜进行划锄松土,而应用土壤改良剂、保水剂、蒸发抑制剂等,减少土壤蒸发,增强土壤的保肥保水能力。

4. 减少土壤水分蒸发,防治病虫害

（1）用薄膜、杂草、石块等覆盖于树行、树盘或全园,以减少水分蒸发,提高根际土壤含水量。这里需要注意的是覆草覆盖方法。覆草时最好用经过雨水初步腐烂后的草,并向草上喷药,因为此时有很多害虫栖息在其中。

（2）病虫防治。太阳辣,温度高,空气干燥,能引起果树病虫害的发作。蚧壳虫、桃树缩叶病、苹果白粉病和蚜虫在果园干旱的情况下极易爆发。蚧壳虫可用狂杀蚧（40% 杀扑·嘧磷·噻乳油）进行防治,成虫为 800 倍液,若虫为 1000—1500 倍液。桃树缩叶病可用 80% 代森锰锌粉剂 600—800 倍液进行喷施防治。白粉病可用 20% 粉锈宁乳油 600—1000 倍液进行喷施防治,并剪除病枝集中烧毁。蚜虫类,喷 50% 抗蚜威粉剂 1000—1500 倍液,进行防治。

第四节　旱灾后恢复生产有高招

干旱,困扰着我国社会、经济特别是农业的发展。干旱造成的危害是巨大的,它使得农作物大量减产,人畜饮水发生困难,农民因此而陷入贫困之中。要尽可能地减少干旱过后农民朋友的损失,灾后的生产恢复就成为重中之重。

2003 年 6 月下旬,福建建瓯市晴热无雨,气温不断攀升。7 月 30 号,气温创下历史最高纪录41.6 度。由于旱情持续时间长,地表干裂,给农作物的生长带来很不利的影响。8 月中旬,受 9 号和 10 号台风以及人工增雨的影响,旱情得到有效的缓解。建瓯市政府抓住有利时机,组织技术人员,深入田间指导广大农民做好灾后农作物和畜牧生产的恢复工作。下面我们以 2003 年福建建瓯市干旱为例,来说明旱灾过后恢复生产的措施。

一、旱灾后农作物生产恢复措施

建瓯市的水稻和果树在旱灾过后,由于采取了有效的措施,减少了损失,生产也得到较快的恢复。

1. 水稻

(1)抓紧有利时机对中稻田进行根外喷肥。在傍晚,每亩用尿素 100—200 克,磷酸二氢钾 100 克,兑水 50 千克对稻田喷施 1—2 次。

对迟插田块要抓紧攻蘖,可用尿素、氯化钾,每亩各 10 千克,以促进快速发育成穗,提高成穗率。

(2)对于晚稻田,可亩用尿素、氯化钾各 5 千克(5—10 天内结束),以使水稻穗大粒多,达到增产增效的目的。晚稻齐穗后,再进行一次根外施肥,以提高千粒重。

(3)对于旱死地块的水稻,要适时地进行补种或改种。无法插秧的田块,可改种玉米。对海拔 700 米以上的高山区可种秋马铃薯。

2. 果树

(1)对土壤进行管理。对杨梅、桃、葡萄等采收过的果树,及时进行中耕除草施肥。对旱灾过后的柑橘,要用氮、磷、钾素配合对其施肥,以磷、钾肥为主,多施钾肥,并结合根外追肥,这样能达到壮果促梢保树的目的。

(2)及时修剪掉干旱后枯死的树枝以及叉枝、徒长枝,采用撑枝、摘心、拿枝、拉枝、扭梢等方法调整树形,促进花芽分化;对于日灼比较严重的小果、畸形果和病虫果,要及时剔除。

(3)灾后要加强对各种果树病虫害的防治,做到对症下药,讲求实效。比如葡萄易患霜霉病、褐斑病,防治霜霉病可用甲霜灵、霜霉威、杀毒矾等;防治褐斑病可用甲基托布津、百菌清、多菌灵等。梨易患黑星病、梨网蝽,防治梨黑星病可用大生、甲基托布津、速保利、福星等药剂;防治梨网蝽可用灭扫利、乐斯本等药剂。

另外,在防治中要注意保护和利用好天敌,达到以虫治虫的效果;同时做好清园工作,减少病源虫口,控制病虫危害。

二、旱灾后畜牧生产恢复措施

第一,旱灾结束后,天气转凉,畜禽食欲开始恢复,所以农民朋友要选择适口性好、营养价值高的饲料对其进行饲喂。对于中暑后体质较弱的畜禽,可补充维生素及葡萄糖生理盐水。同时,农民朋友还要做好灾后良种畜禽的繁殖配种和保育工作,以确保灾后良种畜禽的生产供应以及商品畜禽的补栏之需。

第二,伏旱解除,出现急剧降温天气,会对畜牧生产产生一定的影响。这时农民朋友应注意以下三点:

一是注意做好圈舍防漏,饲料防潮防霉工作。

二是注意急剧降温容易引发畜禽感冒,这时应改夜间喂饲料为白天正常喂饲料,改夜间放牧为白天放牧,并停止各种防暑降温措施,如电风扇、喷淋等。

三是注意气候突变容易使幼畜出现拉稀等症状,农民朋友要注意防治。

第三,因干旱缺草,许多农户将牛羊越冬用的干草提前饲喂,加上玉米秸秆、红苕藤被晒干晒死,使得青贮饲料的储备不断减少,草食牲畜越冬饲草受到影响。此时,农民朋友可充分利用因干旱而出现的秋—冬季节性农闲地以及农隙地、作物间套地等,种植优质牧草,以保证畜禽秋季和越冬饲料、饲草所需。

干旱谚语

1. 春旱谷满仓,夏旱断种粮。
2. 春旱不算旱,秋旱减一半。
3. 不怕种子旱,就怕秋苗干。
4. 不怕旱苗,只怕旱籽。
5. 水荒头,旱荒尾。

6. 水荒百日,旱荒一年。

7. 水荒一条线,旱荒一大片。

8. 七月十五定旱涝,八月十五定收成。

水灾

第一节　洪水形成的原因

1998 年,我国气候异常,持续的降雨使长江、松花江、珠江、闽江等主要江河发生了特大洪水。其中以江西、湖南、湖北、黑龙江、内蒙古、吉林等省(区)受灾最为严重。面对洪灾,广大军民不畏艰难、奋勇抗洪,大大减少了灾害带来的损失。据统计,全国共有 29 个省市遭受不同程度的洪涝灾害,受灾人数上亿,受灾农田面积为 3.34 亿亩,倒塌房屋 685 万间,直接经济损失达到 2551 亿元。

2010 年 6 月份以来,长江上游发生持续性强降雨,局部特大暴雨,致使长江上游来水迅猛增加,三峡入库流量猛增。暴雨洪水袭击全国各个省区,安徽、福建、江西、河南、湖北、湖南、广西、重庆等地遭受严重洪涝灾害。

洪水,是一种自然灾害,会给人民的生产和生活造成巨大的灾难。洪水形成的原因有很多。从客观上说,它主要是由于天气异常,降雨量过于丰富造成的。主观上说,洪水的泛滥与人们扩大耕地,围湖造田,乱砍滥伐等因素也是密不可分的。

下面让我们以 1998 年洪水灾害为例来说明洪水形成的主要原因。

一、厄尔尼诺现象的影响:气候异常,暴雨成灾

长江暴发特大洪水灾害的直接原因是受厄尔尼诺现象的影响。自长江流域 6 月份进入梅雨期后,气候异常,造成强降雨,且持续时间特别长。同时,1997 年至 1998 年春,青藏高原积雪比往年多,南海季风偏弱,西北太平洋副热带高压不断增强。如果是正常年份的 7 月下旬,雨带应该北移,长江中下游地区应处于副热带高压的控制之下,进入高温少雨的伏旱天气,但在厄尔尼诺现象的影响下,使副热带高压南退东移,长江中下游地区仍处于副热带高压边缘。于是暖湿气流与北方冷空气相遇形成降水。这种异常现象使得湖南东北部、江西中北部出现特大暴雨,鄱阳湖和洞庭湖水系上游因此洪水泛滥。两湖汇入长江干流后,使得长江水位上涨,陆续超过警戒线。长江本支流多,上、中、下游和支流暴雨叠加造成洪水下泄缓慢,从而形成严重的洪涝灾害。

二、植被遭受严重破坏:生态环境恶化、加剧水土流失

人为破坏森林也是洪水泛滥的重要原因。森林具有涵养水源,保持水土、调节气候等多种功能,对洪水具有一定的调节作用。森林根系庞大,能固土保水,调节洪水注入江河的泥沙;森林林冠可以截滞 10%—30% 的暴雨;森林地表的枯枝落叶具有储存雨水的功能,雨水渗进土地里时,能使大量的地表径流变成地下径流。

森林的作用如此之大,在长江上游却没得到很好的保护。长期以来的不合理的砍伐,使长江上游森林覆盖率由 50 年代的 30%—40% 一度下降到 10% 左右。一遇强降水,森林表层土壤被地表径流冲走带入长江,使长江含沙量剧增。另外,地表植被遭受破坏后,不断引起的山体滑坡,也造成大量泥沙涌入长江。其中川江带给三峡库区的泥沙每年超过 6 亿吨,严重的水土流失使荆江等河段成为"悬河",洞庭湖成为"悬湖"。许多水库严重淤积,库容量丧失 40%。

三、盲目围垦，人水争地：河道变窄，湖泊萎缩

长江中下游地区的人口近几十年来不断剧增，人口的增加使得耕地变得日益珍贵。当地百姓为了生产和生活，开始在江河湖泊附近盲目地围垦造田，使得长江中下游地区湖泊丧失面积达到 1200 万公顷左右。仅长江原有的 22 个较大的通江湖泊，就因大量不合理的开发建设而减少 567 亿立方米的容积，相当于三个三峡水库的实际蓄洪量。围垦造田给湖泊的生态系统带来严重影响，大大削弱了湖泊吞吐洪水的能力。

此外，人们在鄱阳湖、洞庭湖周边的滩地，在长江干支流的洲滩修建了许多圩垸。民垸不断地向江水紧逼，使原先宽阔的河道变得狭窄，从而造成流水不畅，下泄困难。滔滔洪水到来时，冲向民垸，致使沿江数百民垸被冲毁，这就是人水争地的结局。

四、千里堤防：不堪重负

从 1998 年 6 月到 9 月，在洪水的冲击下，长江中下游干堤险情不断，发生滑坡、渗涌、散浸、垮堤、管涌等 618 处。湖北嘉鱼县簰洲湾中堡村堤段发生决口，十几平方公里的地区片刻成为汪洋。洞庭湖大堤多处出现管涌、裂缝、滑坡，导致大堤决口，沿江数百民垸被冲毁。

长江干堤出现险情是由于堤坝设计年代久远，工程老化，防洪标准低造成的。这就提醒我们，必须重视水利工程的建设，提高江河和城市的防洪标准，才能抵御洪水，保护人民的生命和财产安全。

第二节　随波逐流才是保命之道

洪水，是由于一个地区在较短的时期内连降暴雨，致使河水猛烈上涨引发的洪涝灾害。我国幅员辽阔，几乎每年都有一些地方发生

或大或小的水灾。水灾给人们造成的危害是不可估量的,它能淹没农田、村庄,冲毁道路、桥梁、房屋等。暴雨时节,我们该做哪些准备来防范洪水的到来? 当我们身处洪水中时,又该怎样保全自己的性命? 本节详细为农民朋友介绍洪水中的避险自救方法。

一、洪水到来前的准备工作

如若突降暴雨,并持续数日不断,这种情况很可能会引起洪灾。在这种情况下我们必须注意收听收看天气预报,提高警惕,积极地做好洪水到来前的准备工作,以避免洪水到来时受到伤害。防范的措施主要有以下几点:

第一,为防止洪水从大门、底层窗槛外涌入屋内,应事先在门槛和窗槛外放上装满沙子、泥土、碎石的麻袋,堵住大的空隙。最后再用旧棉絮、旧毛毯、旧地毯等堵塞门窗的缝隙。

第二,为防止洪水到来后长时间围困房屋,致使人们饮食困难,应提前在家里准备好足够的食物、饮用水以及烧开水的用具。比如:

一是可宰杀家畜制成熟食,以供日后食用;多备罐装果汁和保质期长的食品,并捆扎密封,以防发霉变质。

二是可用水桶、木盆等盛水工具装满干净的水,以备日后饮用。

三是应储备足够的保暖衣被以及治疗感冒、痢疾、皮肤感染的药品,以备不时之需。

第三,洪水将要来临时,要准备好一切可以救生的物品逃生。比如:

一是可搜集床板、门板、木块、箱子等漂浮材料加工制作成木筏逃生。制作时,如果没有绳子,可用床单、被单等撕开来代替。

二是把油桶、储水桶等体积大的容器中的液体倒出后,重新将盖盖紧、密封,可作为应急使用。

三是可以将空的木酒桶、塑料桶、饮料瓶捆扎起来,以备急用。

第四,在爬上木筏之前,一定要检验一下木筏的承载力,随身携带些食品、发求救信号用具(如哨子、手电筒、旗帜、鲜艳的床单)等物品。在离开房屋漂浮之前,应多吃些巧克力、糖、甜糕点等含热量较多的食物,随身穿点保暖衣服。

第五,在洪水还没到来之前,如果时间允许的话,可将家里不便携带的贵重物品做防水捆扎后放置高处或埋入地下,同时要关掉电源总开关、煤气阀等。在离开家门之前,要关好房门,以免家产随水漂流走。

二、身处洪水当中如何自救

第一,受到洪水威胁,来不及撤退的,不必惊慌,可立即向结实的楼房房顶、大树上、高墙转移,同时发出求救信号(晃动衣服或树枝、大声呼救等),等候救援人员营救。同时也可利用船只、木排、门板、木床等,做水上转移。

第二,当洪水来临时,千万不可单身游泳逃生。一旦落入水中,千万不要慌张,尽量抓住水中漂浮的木板、衣柜等物,随波逐流。

第三,在山区,如果连降大雨,容易暴发山洪。遇到这种情况,应该注意避免过河,防止被山洪冲走。另外,还要注意防止山体滑坡、滚石、泥石流的伤害。

第四,当洪水进入屋内,尚未漫过头顶时,屋外近处有密集的树木,可考虑用绳子逃生。具体方法是:找根又长又结实的绳子(也可用撕开的床单替代),先将绳子的一端绑在屋内牢固的物体上,然后拉着绳子走向屋外最近的一棵树,把绳子在树上绕几圈后再走向下一棵树。如此重复,逐渐走到地势比较高的地方,直到到达安全地带。

第五,洪水将至时,地处危房、河堤缺口等风险地带的人群,应迅速撤离到高坡地带。对于家中的财产,不能因为过于贪恋而耽误最佳逃生时机。

第六,洪水到来时,不可攀爬带电的电线杆、铁塔。发现高压线铁塔倾斜、电线断头下垂或断折时,一定要迅速远离,不可触摸或接近,以防止直接触电或因地面"跨步电压"触电。

第七,如果已被洪水包围,要利用通讯设备或其他方法尽快与当地政府或防汛部门取得联系,报告自己的方位,寻求救援。注意:切记不要爬到土坯墙的屋顶,因为这些房屋经水一泡随时都有坍塌的危险。

第三节　防汛、抗洪和抢险

　　从 2010 年 7 月起,我国连续受强降雨影响,导致长江流域多处超警戒洪水,中下游地区水位不断上涨。据统计,截止到 7 月 19 日 14 时,重庆受灾人数达到 82.5 万人,死亡 3 人,失踪 9 人,农作物受灾面积达到 37.8 千公顷,造成直接经济损失 4.3 亿元。

　　洪水,通常是由于降雨、融冰化雪引起的水位上涨现象。猛烈的洪水会冲毁堤坝,蔓延到农田,给人民的生产生活造成巨大的危害。为防止洪水到来时肆虐妄为,事先采取一定的措施防范是非常必要的。洪水到来时,做好抗洪抢险工作也是减轻洪灾影响的有效方法。

一、防汛

　　所谓防汛,是指汛期运用防洪系统的各种措施,守护防洪工程,控制调度洪水,保障保护区人民生命财产安全的工作。具体措施有:

　　第一,在洪水到达之前,利用卫星、雷达和电子计算机,及时掌握和发布气温、风向风力、洪水水位、流量等水情和天气状况,预报可能产生的洪量、增水、洪峰等水情,及时对洪泛区发出警报,组织抢救和居民撤离,以减少洪灾损失。

　　第二,防洪过程中,大量的人员将奔赴前线,所以要备好充足的物资以供使用。常用的抗洪抢险工具器材有:编织袋、沙袋、碎石、水泥、木桩、锹、铁锤、钢材、铅丝、炸药、挖抬工具、照明设备、备用电源、运输工具等;需准备的生活物资有:干粮、蔬菜、饮水、帐篷及锅灶等;自我保护器材有:水镜、气垫、护衣等;另外还要准备好医疗物资、医药、担架、病床等。

第三,组织防汛人员,不间断地巡回检查防浪墙、堤体上游护砌、堤顶路面以及坝坡有无开裂、下游排水体排水是否通畅。发现险情,要及时处理。

第四,对河道范围内修建建筑物、地面开挖、土石搬迁、植树砍树等进行管理。

第五,应注意在生产生活的房屋、场地、驻地及设施四周设排水沟,并经常派人检查维修,以保证排水沟的通畅。

第六,在抗洪抢险之前,要对军民做好常识性的教育工作,如不幸落入洪水中当如何自救、抢险的技巧有哪些等。另外,在抢险过程中,要筑坎堵口、救人救物。

二、抗洪、抢险

洪水到来时,堤防工程在高水位条件下,受水流和风浪作用,会出现漫溢、散浸、漏洞、脱坡、坍塌、裂缝等险情。一旦出现这种情况,要不惜一切代价,紧急抢护,以保卫国家建设和人民的生命和财产安全。下面让我们具体看看这些主要险情以及应采取的措施。

1. 管涌

管涌也叫地泉,是坝基或坝身内的土壤颗粒被渗流带走的现象。因堤基以下有沙质透水层,当水位抬高,渗水压力增大时,地面上的孔眼会冒水,并带出细沙粒,水面会出现翻花。如任其发展,险情将不断恶化,大量涌水翻砂,使堤防、水闸地基土壤骨架破坏,孔道扩大,基土被淘空,引起堤身坍塌、蛰陷等,酿成大险。

对于管涌险情,可采用土工膜等复合材料制成不透水软体排,沉入上游水下,截断可能的集中渗流孔洞,制止渗源。另外,要在有控制的条件下排除管涌出现处的压力水。

管涌严重时,可采用反滤围井的方法进行治理。具体步骤是:将出水口附近的软泥清除约深20厘米,用土袋筑成围井。井壁底与地面紧密接触。井内按三层反滤要求分别铺垫沙石、碎石、块石、柴草滤料等。在井口处安一个排水管,将渗出的清水及时引走,以防溢出的流水冲塌井壁。

2. 散浸

散浸是指土堤挡水后,水通过堤身向堤内坡方向渗透的现象。散浸产生的原因主要是堤身单薄,内坡过陡,或堤身土质砂重,外坡无黏土防渗,或筑堤时没有完全打碎所用土块,体内留有空隙等。

当发现堤坡渗水严重时,应紧急抢护。方法如下:

(1)在堤坝背水坡散浸的部位上,顺堤坝坡开沟导渗,导渗沟与土堤接触部位回填粗砂、砾石,做好反滤排水,上部用土袋压住。

(2)当土堤背水坡散浸严重,堤身单薄,堤坡较陡,在处理堤面渗水时,可在下游堤坡加筑透水钱台,或在原坝面上筑排水层。

3. 滑坡

土坝滑坡是由于坝坡太陡,受雨水冲刷后,坝基土发生滑动的现象。

对于因水位骤降而引起滑坡的迎水坡,首先应立即停止放水;其次是在保证堤坝有足够的挡水断面的情况下,将主要裂缝进行削坡;再次是在滑动体坡脚部位抛石料等,作临时压重固脚。

对于因渗漏引起滑坡的背水坡,首先应尽可能降低库水位;其次要沿滑动体和附近的坡面上开沟导渗,使渗透水能够很快地排出;再次是当滑动裂缝达到堤脚时,应首先采取固脚措施。

4. 漏洞

当背河堤坡或堤脚附近出现大小不等的孔洞,水从洞内流出,叫漏洞。漏洞是由于散浸集中,或堤身有灌洞、鼠穴、裂缝等隐患,或堤身质量不好,存在虚土、冻土块、淤泥等而引起的。

漏洞的抢护方法主要有:

(1)如果洞口较小,则可用草捆、棉衣、棉絮、软楔堵住洞口,并在上面覆上土袋。也可用大于洞口的铁锅或其他不透水的器具扣住。

(2)若洞口较大较多,且土质软化,则可用布或防渗布将其覆盖,上面压上土袋,最后用黏土附压在上面,以帮助截渗出的水。

5. 裂缝

裂缝是由于堤身修筑质量不好等原因而造成的。其中横向裂缝比较严重,会使得堤坝出现漏洞,水往外渗。

修复裂缝的方法是:每隔一米与裂缝垂直相交及沿裂缝向下挖槽,直至看不见裂缝为止,并要分层回填土料夯实。若裂缝很深,已与临河水相通,应在临河打围桩编柳或修前戗,以防渗水。亦可在临河做前戗,背河反滤。

此外,当风浪刷堤时,可用挂柳、浮枕、沉柳或柳护岸;顺堤行洪,堤身坍塌,可抛柳石枕、厢塌或在上游适当位置修坝挑溜外移等。

第四节　雨过天晴,灾后重建

持续的强降雨往往会使河水暴涨,淹没农田,致使农作物大面积受灾,部分农田水利设施受到损毁。为了能将强降雨天气对农业生产的不利影响减至最低,农民朋友要积极做好灾后重建工作。

一、农田水灾后重建

1. 抢排农田渍水,抢修水毁设施

洪水过后,应抓紧修复受毁农田,及时排除农田里的积水。另外,对被毁的农田工程设施要积极重建。

2. 加强田间管理

农田若要恢复生产,可根据不同的受灾程度,分别采取不同的补救措施。

(1)对受灾较轻的作物和田块,应以增施肥料、防病治虫为重点。比如对于受灾较轻的水稻,应给它增施叶面肥(早稻)、粒肥和分蘖肥(中稻),同时应注意防治稻瘟病、稻飞虱、纹枯病等病虫害,以降低产量损失。

（2）对受灾较重的作物和田块,要及时查苗补苗,能保则保,不宜轻易改种。

（3）对因灾绝收的作物和田块,应及时排水,抢时间、争季节,改种适应性强的地瓜、大豆、蔬菜等作物。

二、畜牧业水灾后重建

1. 排涝降渍,及时修复栏舍,确保人畜、财产安全

洪水过后,要及时排除栏舍内的积水,并对在水灾中倒塌或受损的棚舍、生产设施进行修复,把受灾损失降到最低程度。修复后要进行一次细致全面的检查,以避免存在安全隐患。

如果栏舍无法修复或没有足够的资金修复,而且栏舍随时都有倒塌的危险,那么应组织养殖户迁往其他地方暂养,以防出现人畜安全和财产损失。

2. 加强畜禽消毒和免疫工作

（1）灾后易引起动物疾病的暴发,农民朋友要做好畜禽舍通风、干燥及消毒工作。各饲养户要对家里的水源进行消毒,以防止灾后水源受污染,畜禽饮后感染疫病。消毒可选用如双氧水、生石灰等。

另外,家里的栏舍、道路、车辆、物品等也要进行彻底冲洗、消毒。消毒应选用持续时间长,能杀死一般细菌和病毒的药,如三氯异氰尿酸、二氯异氰尿酸钠等卤素类消毒药。

（2）灾后极易发生呼吸道、消化道等动物传染病,所以农民朋友要及早对家里的牲畜进行诊断治疗。另外,对于死亡后尚未腐烂的牲畜,要深埋地下;对于腐烂的尸体应做焚烧处理;对于浸泡在水里的牲畜尸体,应采用打捞、深埋的方法处理。总之,要做好灾后预防免疫工作。同时也要注意,严禁外来人员引种或到外地引种。

三、果园水灾后重建

1. 清沟排水,洗叶扶树,及时培土、松土

对受涝的果园,要开沟疏渠,迅速排除园内积水,使土壤恢复干爽,避免果园积水造成果树死根烂根。排水后,对于板结的土壤应进行浅耕松土,以恢复土壤的通透性,促发新根。

对水淹过的果树,应及时将其叶片上的泥渍用水洗净。对于洪水中被冲倒的果树,应对其进行扶正,并设支架支撑固定,对外露的根系要重新埋入土中,以保护根系,使果树恢复生长。

2. 对果树进行修剪、施肥

在果树恢复生长后,应对果树干枯的枝条进行修剪。另外,可摘掉果树的部分果实,以减轻树体负担。

对果树的叶面、根部施肥,以促其健康生长。叶面肥可选用氨基酸类、黄腐酸类。土壤以追施氮肥为主,根据树体受灾情况,一般追肥2—3次。果树受水灾后根系损伤,吸肥能力较弱,不宜立即根施肥料,可选用0.1%—0.2%的磷酸二氢钾、0.3%的尿素以及叶面肥等,进行根外追肥。每隔5天左右一次,连喷2—3次。待树势恢复后,再土施腐熟的人畜粪尿、饼肥或尿素,促发新根。

3. 病虫害防治

洪涝灾害后果树易发生病害,如香蕉叶斑病、荔枝龙眼霜疫霉病、橙类溃疡病、葡萄霜霉病、黑痘病和炭疽病等。针对这些病害,可在天气放晴时,用硫酸链霉素、新万生、乙磷铝(锰锌)、扑霉特、敌力脱等农药进行喷施防治。

四、水产养殖业水灾后重建

1. 修复各种养殖设施,补放苗种

对于洪水中被毁坏的网箱、池塘等各种养殖设施,要及时修复;对被毁坏的池塘堤坝、闸门进行加固;检修、更换损坏的电线、增氧机、水泵等养殖机械设备,以便尽快恢复生产。

对于逃鱼严重的池塘,应抓紧补充鱼种、套养夏花、种植水生经济作物,以避免水体荒芜。

2. 加强消毒,防止灾后疾病暴发

水灾后,应对网箱、池塘及时进行消毒,以防止灾后疫情发生蔓延。网箱养殖可吊挂硫酸铜、强氯精等进行消毒。池塘可以采用生石灰、碘制剂、强氯精等消毒剂。

对于在洪灾中受伤严重的鱼,可将其放在药物中进行浸浴治疗。补放的鱼种,要用3%食盐水溶液等洗浴3—5分钟,以防止鱼种带病进入池中。另外,要不定期地用生蒜头、磺胺类药物等拌饵投喂鱼,以防止鱼病的发生。对于已经死亡的鱼,要深埋处理,切不可丢在河中或陆地,造成鱼病的发生。

3. 投喂饲料,合理施肥

洪灾过后应对鱼投喂新鲜优质的饲料,因为此时鱼的体质相对较差。配合饲料时如果添加维生素 C,会增加鱼的抗病力。在投喂时注意做到定量、定时、定质、定位。

另外,要对养鱼池内的水施肥。这是因为过多雨水的稀释,会使养鱼池内的水营养不足,进而导致浮游生物繁殖缓慢,不利于鱼的生长。施肥可用碳铵每亩3—4 千克,或尿素每亩2—3 千克泼洒水体,改善水质;对于水质浑浊的池塘,可用生石灰化水,每亩15—20千克全池泼洒,澄清水体。

雨水谚语

1. 天上扫帚云,三五日里雨淋淋。

2. 天上鱼鳞斑,明天晒场不用翻。

3. 先雷后雨雨必小,先雨后雷雨必大。

4. 处暑有雨十八江,处暑无雨干断江。

5. 黑是雨,黄是风,红腾腾的雹子兵。

6. 没打雷,先打闪,后边跟着大雨点。

7. 早下雨,当日晴,晚上下雨到天明。

8. 一阵秋雨一阵凉,一场白露一场霜。

第5章

台风

第一节　风为什么总是从海上来?

每年夏秋雨季,我国东南沿海一带经常会有台风侵袭。台风在海上会掀起惊涛骇浪,登陆后能带来狂风暴雨,给人们的生命财产和工农业生产带来很大的影响。

因此,当台风来临时,气象部门会发布有关台风的紧急警报,要求相关地区做好抗台风的准备。俗话说得好,知己知彼,百战不殆,若想从容应对台风,农民朋友首先要对台风有一定的认识。

一、台风的由来

台风是一种强烈的热带气旋。由于在移动时像陀螺一样,人们有时把它叫做"空气陀螺"。台风影响时常常伴有狂风暴雨,所以气象上给它取了一个与普通大风不同的名字——台风。

不同地区,台风的名字也不同。在大西洋、加勒比海、墨西哥湾以及东太平洋等地区的称飓风;在澳大利亚的则称热带气旋;在印度洋和孟加拉湾地区称热带风暴等。

二、台风的等级

最新的台风等级共分为 6 个级别。最强的为 17 级,风速可达60 米/秒,如 2006 年在温州苍南登陆的 8 号台风"桑美",其生命期强度最强时中心气压 915 百帕,近中心最大风力 19 级(风速 68 米/秒),是浙江省 50 年来最强的台风。

台风级别由低到高依次是:

名称	定义
热带低压	风力为 6—7 级,风速 10.8—17.1 米/秒
热带风暴	风力 8—9 级,风速 17.2—24.4 米/秒
强热带风暴	风力 10—11 级,风速 24.5—32.6 米/秒
台风	风力 12—13 级,风速 32.7—41.4 米/秒
强台风	风力 14—15 级,风速 41.5—50.9 米/秒
超强台风	风力 16—17 级,风速 51.0—61.2 米/秒

三、台风的结构

台风是发生在热带海洋上、以本身为中心急速旋转的同时又向前移动,形成强烈的、大范围的空气漩涡。由于受到地球表面的摩擦和地转偏向力的作用,台风在北半球做逆时针方向旋转,在南半球做顺时针方向旋转。

台风是一种热带气旋,而热带气旋是指热带地区形成的一种低气压。它不断旋转,并伴有大风和强降雨天气。气象局根据台风的半径把台风为四种:

小型台风:台风的半径在 100 公里左右。

中型台风:台风的半径在 200 公里左右。

大型台风:台风的半径在 300 公里以上。

超大型台风:台风的半径在 400 公里以上。

四、台风的形成

从台风结构能看到,如此巨大的庞然大物,其形成一定具备特有的条件。

一是要有广阔的高温、高湿的大气。热带洋面上的底层大气的温度和湿度主要决定于海面水温,台风的形成需要在海水温度高于26℃—27℃的暖洋面上,并且60米以内的海水水温都要高于26℃—27℃。

二是高温空气向上流动的同时,较低温的空气要填补高温空气流动后的位置。这种冷热空气需要不断循环流动。

三是垂直方向风速不能相差太大,上下层空气相对运动较小,才能使低温水蒸气凝结所释放的热量集中保存在台风眼区的空气柱中,从而形成台风暖中心结构。

四是需要足够大的地转偏向力作用,地球自转作用有利于气旋性漩涡的生成。

五、台风的分布

台风的形成不仅需要特定的条件,它的分布也很特殊。由于台风是热带洋面上的"特产",它经常发生在南、北纬5—25度左右的热带洋面上。

北半球台风主要发生在7至10月。台风形成以后,具有一定的移动路径。以西北太平洋台风为例:

一是在冬春季节(11月至翌年5月),台风主要在东经130度以东的海面上转向北上,在北纬16度以南往西进入南海中南部或登陆越南南部,还有少数在东经120—125度的近海转向北上,少数台风也可能在5月和11月登陆广东。

二是在7—9月的盛夏季节,台风路径更往北、往西偏移,中国从广西到辽宁的沿海省份在此季节都有可能遭受台风侵袭。

三是在6月和10月的过渡季节,台风主要在东经125度以东海面上转向北上,西行路径较偏北,在北纬15—20度之间,少数可登陆广东和台湾、福建、浙江。

台风运动除自身呈快速反时针(北半球)旋转移动外,主要受副热带高压等大尺度天气系统的引导。正常情况下,台风移动路径平滑、稳定。但少数台风移动路径曲折多变,有停滞、打转、突然转向、移速突然变化,路径飘移不定等多种形式。

台风(热带气旋)灾害是最严重的自然灾害,其发生频率远高于地震灾害。1991 年 4 月底,孟加拉受到台风袭击,有 13.9 万人丧生。我国是世界上受台风危害最大的国家之一,近年来,因其造成的损失平均每年高达百亿元人民币。

2005 年,9 号强台风"麦莎"登陆我国华东地区,导致 40 万人撤离,上海地铁被迫停运。江浙地区发生狂风暴雨天气,仅江苏就损失达 12 亿元。

2006 年的 8 号强台风"桑美",在马利安那群岛菲律宾、中国东南沿海以及台湾省总共造成 458 人死亡以及 25 亿美元的经济损失。

2006 年的 16 号强台风"象神",在菲律宾、海南、越南、柬埔寨、泰国总共造成 279 人死亡以及 7.47 亿美元经济损失。

六、台风前兆

为了避免由台风引起的灾害,最重要的是能够通过电视、报纸、广播等一切手段,快速、正确地掌握信息,并采取防御措施。如果没有办法得到消息时,注意以下几点,也可判断台风的到来:

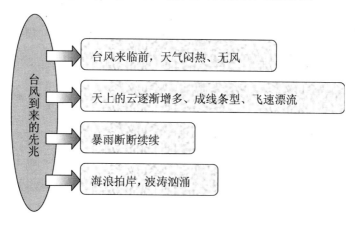

第二节 怎样预防台风的侵害

近几年,由于气候变化,发生在我国的台风事件不断增加,台风对我国工农业生产、交通运输以及人们生命财产造成严重的威胁。随着我国改革开放的进一步推进,特别是随着沿海地区的经济开发,台风灾害越来越引起人们的关注。

2004 年的 14 号强台风"云娜"登陆中国东南沿海。据统计,造成 164 人死亡,24 人失踪,直接经济损失达 181.28 亿元人民币。

2008 年的 1 号台风"浣熊",是新中国成立以来第一个 4 月登陆我国的台风,造成华南至少 5 人死亡以及不少人员失踪,经济损失巨大。

2009 年的台风"莫拉克"登陆台湾、大陆,造成 500 多人死亡、近 200 人失踪、46 人受伤的严重后果。台湾南部雨量超 2000 毫米,造成数百亿台币损失,大陆损失近百亿人民币。

一、台风的三个因素

台风是世界上最严重的自然灾害之一,它具有破坏力大、突发性强的特点。台风的破坏力主要表现在强风、暴雨、风暴潮三个因素。

1. 强风

台风具有巨大的能量,它中心附近的风速高达 40—60 米/秒,有时可达 100 米/秒。如此大的风,足以摧毁地面上的建筑物、架空的高压线、桥梁、车辆等。海上的船只如果不及时在台风来临之前躲避,很难逃脱倾覆的厄运。

2. 大暴雨

台风是很强大的降雨系统。它登陆后所产生的大暴雨能引起山洪暴发或使水库崩塌,形成巨大洪涝灾害。一次台风登陆,降雨中心一天之中可降 100—300 毫米的大暴雨,有时可达 500—800 毫米。

3. 风暴潮

风暴潮就是指当台风移向陆地或登陆的时候,由于剧烈的大气扰动,导致海水暴涨,掀起狂涛猛浪,使受到其影响的海区的潮位远远超过平常潮位的现象。强台风的风暴潮能使海水倒灌、海堤溃决,冲毁房屋和各类建筑物,淹没农田和城镇,给人类生命和财产带来巨大损失。同时,海水倒灌会造成土地盐渍化。

另外,台风具有间接破坏力。台风过后所带来的积水,可能会引起流行性疾病,还可能破坏道路和输电设施等。

二、台风预警信号的含义

台风来临时,气象台会根据台风可能造成的影响程度,从轻到重向社会发布蓝、黄、橙、红四色台风预警信号。下面是这四种预警信号的含义:

1. 台风蓝色预警信号

含义:24 小时以内可能或已经受热带低压的影响,平均风力达到 6—7 级以上,或阵风 7—8 级并可能持续。

2. 台风黄色预警信号

含义:24 小时之内可能或已经受热带风暴的影响,平均风力达到 8 级以上,或阵风 9 级以上并可能持续。

3. 台风橙色预警信号

含义:12 小时之内可能或已经受热带气旋的影响,平均风力达到 10 级以上,或阵风 12 级以上并可能持续。

4. 台风红色预警信号

含义:6 小时之内可能或已经受热带气旋的影响,平均风力达到 12 级以上,或者阵风达到 14 级以上并可能持续。

然而,台风是可以预防的,农民朋友只要采取有效的预防措施,就可以将灾害损失降到最低。

三、具体预防措施

农民朋友们应密切关注媒体有关台风的报道,及时采取预防措施。具体措施如下:

第一,台风来临前,准备好食物、饮用水、手电筒、蜡烛、收音机及常用急救药品,以备急需。

第二,要关好门窗,检查门窗是否牢靠;取下悬挂的东西;检查电路、炉火、煤气等设施是否安全。四周的水沟和排水管道要清理干净,使其通畅。

第三,将养在院子中的植物及其他物品移到室内,特别是要将楼顶的杂物搬进屋,室外易被吹动的东西最好加固好。

第四,人员最好呆在安全的室内。如果在室外,也要尽快回到安全牢固的房子中。在路上行走,要注意高空落物,如广告牌、花盆等,要尽量远离正在进行施工的工地和有幕墙的高楼。

第五,位于低洼地带和海边的农民朋友,应尽早疏散到安全地带,防止海水倒灌及水灾的发生。

第六,要远离有高压线铁塔倾倒、电线垂落或折断的地方,更不要用手触摸,否则会引起触电事故。

第七,农民朋友要集体抢收成熟的水稻、瓜果等农作物,对易倒伏作物要进行保护。

第八,牲畜及重要物资要得到安全保护和转移。

第九,积极营造防护林带,以减弱台风带来的危害。

第十,如果有海上作业的,要及时通知出海船只回港或开往就近港口避风。

第十一,及时收听广播,观看电视上有关台风的报导。

第三节 台风中的自救和互救

2003年9月初,台风"鸣蝉"袭击韩国南部地区,造成接近百人的死亡纪录和巨大的经济损失。而2003年8月,强台风"科罗旺"横扫广东省湛江市,持续时间约在5小时以上,当地却创造了零死亡的奇迹。

从这些事例得知,台风是不能控制的,但是,科学合理的防灾措施能够最大限度地减少伤亡的发生。

台风往往会引发道路泥泞、树木折断、山体滑坡、洪水泛滥等灾难后果。虽然农民朋友不能控制灾难的发生,但需努力掌握有关台风的知识和预防常识,防止在台风到来时束手无策。

一、遭遇台风袭击时的自救办法

第一,台风期间,尽量不要外出行走。如果必须外出,一定要穿轻便的防水鞋和紧身合体的衣服,把衣服的扣子用带子扎紧,并穿好雨衣,戴好雨帽或者安全帽,但不要打伞。

第二,行走时,应一步一步慢慢走,顺风时一定不要跑,否则会停不下来,还有可能被风刮走;行走时,要尽量抓住墙角、栏杆或其他稳固的物体行走。

第三,远离树木、架子、棚子,不要在广告牌子和居民楼附近行走,避免高空坠物砸伤。同时要远离高层施工的工地。走到拐弯时,要停下来,向四周观察一下再走,贸然行走很可能被刮起的飞来物打伤。

第四,经过狭窄的桥或高处时,最好伏下身体爬行,否则可能被刮倒或落水。

第五,注意街道积水,不要在打着漩涡的地方行走,以免落入下水井。

第六,密切注意周围环境情况,如出现洪水泛滥、山体滑坡等危及住房安全的情况时,要尽快转移。

第七,如果台风期间夹着暴雨,要注意路上积水的深度,10 岁以下儿童切不可在水中行走。如果不慎掉入深水中,要快速游到岸边,不会游泳者要尽可能找到漂浮物,等待救援。

第八,如果需要游泳渡河,最好采用蛙泳或仰泳,使眼睛和嘴露出水面,因为此时的水污染相当严重。

第九,当眼睛和鼻子进了沙子时,应该将它们清除以后再走。

第十,驾驶机动车时,应减速慢行,时刻注意路况,风太强烈时应停车,到安全处躲避,不要留在车内躲避台风。

二、台风中不慎被卷入海中的自救办法

第一,要保持冷静的头脑,尽可能抓住身边任何漂浮的木头、家具等物品。

第二,落水之前要深吸一口气,下沉时咬紧牙关,让自然的浮力使你浮上水面,然后借助海浪冲力不断蹬腿,奋力游向岸边。

第三,在海浪最凶猛的时候,借助此力量,挺直身体、抬头、下巴向前挺,确保嘴巴露出在水面上,双臂向前或向后平放,身体保持冲浪状态,海浪过后一面踩水前游,一面观察后一浪头的动向。

第四,当大浪接近时可弯腰潜入海底,用手插在海底沙层中稳住身体,待海浪涌过后再露出水面。

三、被风暴潮困在崖洞里的自救办法

第一,设法打电话求救。

第二,寻找有无其他出口,如果找不到,立刻返回。

第三,想办法找到火源。

第四,用绳子或其他物体保持同伴间的联系,避免走失。

第五,在找出路的时候,沿途要做标记,以免找不到原来的地方。

四、风暴潮时被困在礁石、堤坝上的自救办法

第一,采取蹲姿或仰卧的姿势比较安全。

第二,不要轻易下水,保持身体干燥,避免体内热量流失。

第三,当附近有船只通过时,挥动鲜艳的衣服,或者点火产生亮光和烟雾,引起船上人的注意。

第四,若在黑夜,想方设法用光亮发出求救信号。

第五,切忌不要盲目大声呼喊,避免消耗体力。

五、航海船只在台风来临时如何避险

第一,航海船只应该采取"停""绕""穿"的方法紧急避险,尽量避开与台风正面相遇。

第二,保持与陆地指挥系统之间的联系,及时避开台风的突然袭击。

第三,尚未出航的船只要推迟出航时间,等风暴过后再出航。

第四,在海面航行的船只要根据台风移动方向和范围,适当改变航线绕道而行,或在台风到来之前迅速穿过。

第五,切记,台风的路径可能随时会改变,不可修正航海的方向。

六、援救他人

当发现有人被压在被风刮倒的倒塌物下,应及时报警,并打120急救电话。抢救被压伤员时不可强扯硬拉,以免产生新的伤害。

救出伤员后,应立即清除口腔和鼻孔内的泥沙,以保持呼吸道通畅。对呼吸和心跳停止者,应立即施行人工呼吸、进行胸外心脏按压。

对发生出血、骨折者,要进行止血、包扎、骨折固定等处理,并立即送往医院治疗。

七、台风过后的防范措施

第一,仍然要坚持收听广播、收看电视。当撤离地区被宣布安全的时候,才可以返回该地区。

第二,要检查煤气、电路的安全性。

第三,不能确定自来水是否被污染前,不要轻易饮用自来水。

第四,避免走不坚固的桥,不要开车经过洪水暴涨区。

第五,如果遇到路障或是洪水淹没的道路,要绕道而行。

第六,地面水域很有可能因为断折的电缆而具有导电性,要小心前行。

第七,台风过后,要对周围环境进行消毒、清除垃圾废物,避免瘟疫的发生。

第四节　沿海养殖业怎样应对台风

台风的来临,使养殖环境发生突变,养殖的鱼、虾、蟹等发生病害,给沿海养殖业带来极大损失。

据有关资料报道,2008 年第 14 号强台风"黑格比"的中心于 9 月 23 日晚上 8 时登陆广东省电白县东偏南大约 305 公里的南海北部海面。由于"黑格比"风力大、移速快、范围大,造成直接经济损失超过 36 亿元。

2007 年 13 号台风"韦帕"的登陆,给水产养殖业带来了一定的损失,主要表现在养殖池塘倒塌、强降雨对水产养殖动物造成应激反应等。每年高温季节,也是自然灾害多发季节,特别是沿海地区,台风、暴雨频频光顾,在这个时期,应该高度重视防灾抗灾工作。

一、台风、暴雨来袭之前防治措施

第一,台风、暴雨来临之前,要做检查与加固的工作,如池坝、闸门的加固;还应做好发电机、电力设施、增氧机的检查和维修,以便台风过后尽快恢复生产,将损失减少到最小。

第二,台风、暴雨来临之前,要尽量向池塘内多储蓄些海水,以防止淡水大量涌入池塘引起盐度下降。

第三,疏通排洪沟,做好随时排去淡水的准备工作。

第四,台风到来之前,开足增氧机,使池塘的有机质能充分分解,防止池塘缺氧情况的发生。

第五,台风到来之前,如果温度较高,可以在养鱼池的上方加盖一层可以通风透气的黑色遮阳布。由于这层遮阳布可以阻挡阳光直射,添加了水面的清凉度,这种办法可以使水温降低1℃—2℃左右。

第六,养虾的农民朋友,可在饲料里拌维生素 C 3‰、免疫多肽2‰、免疫多糖 2‰、保肝健 3‰,或者添加"溃疡平"等鱼药,以增强对虾的体质与抗应激能力。

第七,养鳗鱼的农民朋友,在台风来临前,要把养鳗鱼的场所内所有保温棚的塑料薄膜固定好,同时做好电力设施的维护工作。

二、台风、暴雨过后的防病手段

1. 台风、暴雨过后,网箱养殖鱼类应如何防病

(1)建议尽快修复网箱、池塘等养殖设施,及时修补替换破损网箱;抢修、加固被冲毁的渔排,对部分老化木板进行维护或更新。

(2)及时清理受灾网箱。对残留在网箱底部的污染物和死鱼要尽快捞出,避免污染其他鱼群。同时,要登记死亡鱼的数量、重量、种类,以便过后补放苗种。

(3)对摩擦、挤压受伤的鱼进行药浴治疗。把受伤的鱼集中捞放到一个网箱或水桶中,以土霉素 25 克/立方米的剂量,浸泡 30 分钟左右,然后以 5—7.5 克/100 千克鱼体重的剂量拌饵投喂,每日一次,连续 5—7 天。

(4)投喂优质的新鲜饵料。在饵料中适当添加些维生素 C,用量为每天 0.5—1 克/千克饵料,提高鱼体抗病力。

（5）对于在台风灾害中出现有关环境和鱼类发病、死鱼等严重问题，要邀请专家现场指导，以减少生产损失。

2. 台风、暴雨过后梭子蟹养殖、海水贝类养殖应如何防病

（1）及时换水：通过换水，逐渐将塘水盐度调节到蟹、贝类正常的生理范围内。第一次排水要先排去表层的水。切忌不可一次将池水全部排出（尤其是晴天），否则对蟹类、贝类会有一定影响。

（2）施药：排水过后，要对养殖池水、进排水沟进行一次全面的消毒处理。可选用漂白粉、二氧化氯、碘制剂等。

（3）为了预防细菌性疾病，给梭子蟹投喂 1—3 次蟹病康；如果已经发生细菌性病害，则还需另外添加抗菌药物。

（4）台风过后，由于池底泛起，藻类死亡，遇到闷热天，极易引起缺氧，可配备增氧药物如粒粒氧等。

3. 台风、暴雨过后鳗鱼养殖应如何防病

（1）如果遇到暴雨，则要采取不喂食、不排水、不换水的方法。切忌不可冒险使用洪水。如果池中进入少量洪水，用 1.5 毫克/千克洁水质；用浓度为 15%—20% 的生石灰也可改善水质；也可用 3 毫克/千克净化水质。如果池中进入了大量的洪水，首先要停止喂料，然后用海中宝之类的水质改良剂进行净化处理，最后用浓度为 2ppm 的高锰酸钾和杀虫灵一起使用，进行除虫、杀菌、消毒。

（2）一般台风过后会引起停电。那么，可以使用增氧药物或将养殖池内所有水都放掉，只保留 10—15 公分水位，因为鳗鱼可以使用皮肤呼吸，当水中缺氧的时候，只要把水放掉，让鳗鱼露出水面，就可以安然无恙。

（3）由于台风过后，气温升高，鳗鱼很容易患肠炎或者其他疾病，所以要控制好鳗鱼摄食量。一旦过量，鳗鱼的肝脏负荷加大，自身免疫力就会下降。因此，在正常情况下饵料控制在 8—9 分，在高温季节控制在 6—7 分。

（4）高温季节，随着气温升高，水温也逐渐上升，而药物在不同的温度下其效果不同。鳗鱼在高温季节对药物十分敏感，因为鳗鱼

身体没有体温调节功能,它的体温随着水温的变化而变化,药物在水中的反应也会变化。所以,高温季节用药是平时的一半或者三分之一。

(5)在这样的多灾季节,可以使用中草药防治。因为中草药不受气温的影响,没有药物的残留,是当今养殖业首选的理想药物。

第五节　风后快速恢复生产的策略

我国是世界上受台风侵袭最多的国家之一,狂风暴雨常使作物倒伏、农作物大面积受淹,对农业生产和经济损失造成严重影响。近十年来,我国因台风造成的损失高达 900 多亿人民币,其中,农业上的经济损失就占了 12.8%。

我国一年中最早登陆台风的时间在 5 月,最晚的在 12 月,其中以 7—10 月最为集中。台风盛行的季节,也正是农作物生长季和水产养殖的旺季。因此,水旱作物、蔬菜、果树、渔业养殖等都会受到严重影响,导致巨大损失。

台风和暴雨,使农作物枝叶断折、直接摧毁植物的根部、使之抗病力大幅度下降,各种病菌借机侵入。同时,农作物由于被水淹盖,表面始终是高湿的状态,更加有利于病菌的传播和蔓延。因此,灾后的修复和恢复生产工作,对于农民朋友来说至关重要。

一、农作物台风过后的补救措施

1. 蔬菜瓜果类补救措施

(1)抢收、抢播。如果菜地受淹、蔬菜受损,对于还有上市价值的受灾蔬菜,要积极采收、抓紧上市,减少经济损失。对于绝收的田块,要及时补播。

(2)台风过后,应抓紧时间进行田间管理,如清沟松土、降低土壤湿度、及时追肥、弥补流失的土壤养分、扶正植株、清洗叶片泥沙和及时摘除残枝病叶。

（3）要加强蔬菜瓜果病害的防治，灾后叶菜类软腐病，瓜类疫病，茄果类早疫病、叶霉病、霜霉病等病害容易发生，应及时防治。

霜霉病的防治可选用 25% 甲霜灵可湿性粉剂 500—800 倍液，75% 百菌清可湿性粉剂 500 倍，兑水 50 千克喷雾防治。同时还要注意防治斜纹夜蛾的危害，尽量减少病虫害的发生。

2. 甘蔗、玉米、大豆、棉花等作物的补救措施

（1）玉米、大豆、棉花等作物，在受涝后土壤有效养分流失，根系吸收能力减弱，要及时排水，追施速效肥。

（2）对倒伏的甘蔗，要尽快将完整的植株扶直，避免植株变型，并适当保持沟水，增加培土，促进新根系生长，在扶理后 7 天左右，每亩增施速效氮肥尿素 5—6 千克，促进果蔗恢复生长。

（3）台风过后，要及时扶直棉花、摘除断枝破叶、做好培土工作，施一次速效肥，促进恢复生长，并做好病虫害的防范措施。

3. 水稻受灾后的补救措施及方法

（1）遭受洪涝的田地，要及时排干田间积水，清理漂浮物。灾后如果遇高温晴热，要避免一次性排干积水，保留 3 厘米左右的水层，防止叶子表面蒸发，导致植株失水干枯而死。

（2）对于淹水过顶的植株，要及时冲洗叶片上的泥浆，恢复叶片正常的光合作用机能，并且要及时喷洒磷酸二氢钾或尿素液等叶面肥，让作物恢复生长。

（3）台风过后，气温回升，田间湿度增大，常导致白叶枯病等细菌性病害发生。针对已发病的田地或水稻叶片破损严重的地区，药剂可选用 20% 龙克菌悬浮剂，每亩 100 克兑水 50—75 千克喷雾，在第一次防治以后，隔 7—10 天再防治一次，及时预防病害流行。

（4）针对水稻穗颈瘟症状，每亩可用 40% 稻瘟灵 100 毫升，或 75% 三环锉可湿性粉剂 30 克，兑水 50 千克细喷雾，要求将药液喷足喷透，能有效提高病害的防治效果，促进水稻生长、后期青秆黄熟并且提高产量。

二、畜牧养殖业台风过后的补救措施

第一,台风过后,要及时修复被台风摧毁的栏舍,并且进行全面的消毒工作。畜禽饲养场所、屠宰场、畜产品加工厂等地,要在清扫过后进行彻底消毒、杀菌工作。

针对规模饲养场,农户要用动物防疫部门分发的消毒药进行全面消毒,消毒药每天要更换一次。散养殖户可用10%—20%的石灰水或20%—30%热的草木灰水进行消毒。

第二,消毒以后,要注意通风换气。早晨、傍晚打开门窗,中午高温时用排风机降温,冷水冲淋。一旦发现死亡的畜禽,要按规定做好处理,严禁食用,以防中毒。

可采用深埋处理,在2米以上深坑底层撒上石灰,畜禽尸体埋入深坑后,再撒上石灰或消毒药,最后填土。有条件的地方可采用焚烧处理。

第三,注意饲喂、饮水卫生。栏舍中的水槽不能断水,在饲料中适当添加维生素、蛋白等营养成分;禁止饲喂变质饲料,食欲不良的畜禽可多喂些青饲料。为了防止肠道等传染病的发生,可适量添加抗生素,提高畜禽的抵抗力,减少应激反应而造成的经济损失。

第四,做好防疫工作,加强疫情监测。要加强禽流感、猪瘟、新城疫、禽出败等动物疫情检测。准确掌握疫情动态,准备应对的疫苗等应急物资。一旦发现疫情,要及时报告。同时,严禁非本厂内的其他动物及产品进入场内,防止病菌的传入与发生。

三、水产养殖业台风过后的补救措施

第一,要及时修复被台风毁坏的池塘。被雨水冲来的淤泥和垃圾要及时进行处理,以减少细菌和病毒的滋生,预防病害的发生。

第二,被风浪冲坏的框架和渔排要及时修理,损坏的网箱要适时修复,或者更换新的网箱,以便尽快投放鱼苗。

第三,被水淹没的鱼虾池塘,要进行消毒处理,调节水质。一般

用含氯的药物,如漂白粉浓度 0.5—1ppm(1ppm = 0.001‰)遍洒,或用生石灰浓度 20—30ppm 遍洒。

第四,暴雨过后,网箱和池塘的鱼虾有的会被暴雨水冲走,有的会因为环境污染而死亡。确定数量后,要及时补足不带病菌的鱼虾苗。池塘里放养家鱼苗和鲤鱼、鲫鱼苗为宜,如果要放养罗非鱼,则偏寒地区要采取越冬措施;虾苗可放养,每亩 2 万尾左右,确保养殖生产正常进行。

第五,台风暴雨过后,要投喂新鲜的饲料,禁止饲喂变质的饲料,以保证鱼虾类正常生长。

附:鱼病防治实用方

防治肠炎病:

黄连 2 克、金银花 5 克、板蓝根 5 克、鱼腥草 5 克、马齿苋 5 克、鬼针草 5 克、野山楂 3 克,熬成汁液拌在饵料中投喂 7 天。

防治烂鳃病:

黄连、大黄、穿心莲、板蓝根、五倍子各取 1 毫克/千克,熬取汁液,洒在池子中,保持 18 小时。

台风谚语

1. 跑马云,台风临。
2. 北风冷,台风循(遁)。
3. 西风不过午,过午便有台。
4. 六月东北风,大水连大风。

第6章

寒潮和霜冻

第一节　寒潮不是北方的专利

　　寒潮是大规模的冷空气活动。当寒潮侵袭时,天气会发生剧烈的变化,但由于季节、地理条件以及寒潮强度的不同,各地天气变化情况也不一样。

　　寒潮在气象学上有严格的定义和标准:某一地区冷空气过境后,气温24小时内下降8℃以上,且最低气温下降到4℃以下;或48小时内气温下降10℃以上,且最低气温下降到4℃以下;或72小时内气温连续下降12℃以上,并且最低气温在4℃以下。

　　气象上根据寒潮的强度和影响范围,把寒潮划分为全国性寒潮、区域性寒潮、强冷空气活动和一般冷空气活动四类过程。

　　寒潮是一种大范围的天气过程,在全国各地都可能发生,它可以引发霜冻、冻害等多种自然灾害。由于我国地域辽阔,南方和北方气候差异很大,各地人们生产和生活方式不同,寒潮对经济和社会的影响也有较大差异。寒潮过境后,气温骤然下降,降温可持续一天至数天,还会出现大风、冻害、雪灾、冻雨等灾害。具体如下:

灾害名称	定义
寒潮大风	寒潮大风是由寒潮天气引起的大风天气;寒潮大风造成的灾害主要取决于风力和大风持续的时间

灾害名称	定义
寒潮冻害	寒潮天气的一个明显特点是剧烈降温,低温能导致作物霜冻害、冻害和河港封冻、交通中断灾害,常会给工农业带来经济损失
寒潮雪灾	冬季适量的积雪覆盖对于农作物越冬是有益的,若降雪过多就会造成灾害
寒潮雨凇	寒潮降温天气产生的云中过冷却液态降水碰到地面物体后会直接冻结成冰,形成雨凇。一般在初冬或冬末初春季节

为什么说寒潮不是北方的专利? 以雨凇为例。我国雨凇发生最多的地区是贵州,其次是湖南、湖北、河南等省区。北方地区雨凇出现较多的地区是山东、河北、辽东半岛、陕西和甘肃,其中甘肃东南部、陕西关中地区更多一些。

2008年1月,我国江南和华南发生了50年一遇的冻雨天气和雨凇灾害,导致极为严重的道路结冰、电线结冰和植物结冰,给当地的交通、电力、农业、林业、渔业和群众生活带来极其严重的影响和损失。

一般来说,冬季最突出的是冷风过境时温度大幅度下降,风向剧变。风后往往有强大的偏北风,在西北和内蒙古地区有风沙现象,淮河以北偶有降雪。通常,西北、华北地区降温幅度大,中部、南部降温幅度小,但可能出现冰冻和霜冻现象。如在1955年1月,由于寒潮连续暴发性的南下,使苏、皖、鄂、湘、赣等省不少地区连续出现10—15天的大雪和冻雨,海南岛也出现了罕见的霜冻现象。这次大降温导致了交通、电讯受阻,农牧业生产遭受重大损失。

寒潮天气对农业的影响最大。春秋时节,寒潮天气除大风和降温外,在长江流域以南常伴有雨雪。有时还会出现雷暴和冰雹等灾害性天气,特别是由寒潮引起的终霜、初霜和霜冻,对华北、华中地区农作物的威胁更大,往往造成严重减产。

寒潮冷空气带来的降温可以达到10℃甚至20℃以上,通常超过农作物的耐寒能力,造成农作物发生霜冻害或冻害。历史上几乎每次寒潮过程都会造成大面积的农作物受害,灾害程度会因冷空气入侵范围不同而有较大差异。

寒潮之前常有一个低气压作为它的向导,所以,当寒潮前锋迫近时,首先刮起的并不是强烈的西北风,而是微弱的南风或西南风。因此,在寒冷的冬天,如果天气反常地暖起来并有偏南风,就是寒潮到来的预兆。提前做好应对寒潮的准备工作,对确保农业丰收有着重要意义。

第二节 霜冻来临之前农作物的保养措施

霜冻是指由于寒潮等冷空气活动产生的降温天气,地表温度骤降到 0℃ 以下,使农作物受到损害,甚至死亡,从而导致减产和品质下降。

霜冻在秋、冬、春三季都会出现。每年秋季第一次出现的霜冻叫初霜冻,也叫早霜冻,是由温暖季节向寒冷季节过渡时期发生的霜冻。翌年春季最后一次出现的霜冻叫终霜冻,是由寒冷季节向温暖季节过渡时期发生的霜冻。初、终霜冻对农作物的影响都较大。

由于霜冻从根本上来说是低温天气造成的,其他因素只起到加重或减轻的作用,所以大多数传统的防霜技术尽管形式多样,本质上都是围绕着如何提高作物自身与周围环境温度来防御霜冻。下面分类介绍霜冻来临前农作物的预防和保养措施。

一、霜冻的室外预防方法

1. 灌水法

灌水可增加近地面层空气湿度,保护地面热量,使田间温度不会很快下降。

2. 喷水法

在霜冻来临前 1 小时,利用喷灌设备对植物不断喷水,因水温比气温高,水在植物遇冷时会释放热量,加上水温高于冰点,是小面积园林预防霜冻的好办法。

3. 遮盖法

利用稻草、麦秆、草木灰、杂草、尼龙等覆盖植物,既可防止外面冷空气的袭击,又能减少地面热量向外散失。

4. 土埋法

对有些矮秆苗木植物,还可用土埋的办法,使其不致遭到冻害。但这种方法只能预防小面积的霜冻,其优点是防冻时间长。

5. 熏烟法

用能产生大量烟雾的柴草、牛粪、锯木、废机油、赤磷等物质,在霜冻来临前半小时或 1 小时点燃。但这种方法要具备一定的天气条件,且成本较高,污染大气,不适于普遍推广,只适用于短时霜冻的预防和在名贵林木及其苗圃上使用。

6. 施肥法

在霜冻来临前 3—4 天提前施暖性肥料,如厩肥、堆肥和草木灰等,可改善土壤结构,增强其吸热保暖的性能,有明显的防冻效果。

7. 喷药剂法

喷施各种防霜剂、抗霜剂能有效地防御霜冻的危害。

8. 主干涂白法

每年冬初或早春进行主干涂白,可使树体温度升降缓慢,减轻冻害,延迟果树萌芽和开花,从而有效避免早春霜冻危害。

二、塑料拱棚预防霜冻措施

第一,在塑料拱棚内加挂防冻幕或在大拱棚内加盖小拱棚。

第二,在塑料拱棚内灌水,水量以半沟为宜,增加棚内湿度。

第三,对尚未定植的塑料拱棚,以保温为主,待天气晴好且在近期无霜冻时再定植。

三、日光温室预防霜冻措施

第一,节能日光温室要做好保温工作,坚持早揭晚盖草苫,及时关闭风口,确保植株生长适宜的温度。

第二,育苗温室加强保温、增温措施,管护好近期准备定植的幼苗,防止老化。

第三,在日光温室内燃放百菌清、腐霉利、嘧霉胺等烟雾剂,傍晚盖草苫后点燃熏烟,每亩用量200—250克。使用时,注意将烟雾剂均匀摆放在温室后部过道上,由内向外依次点燃。次日,应通风2小时后再进入棚内。

第四,降雪(雨)或连阴的白天要揭开草苫,让蔬菜接受散射光。

第五,降雪(雨)天让雪(雨)直接落在棚膜上,避免雪(雨)落在草苫上增加重量,引起棚体坍塌。

四、农作物防霜冻实例

霜冻害的防御历来是农业生产管理的重要内容之一,因此我国对霜冻害防御技术的研究有悠久的历史。广大农民群众和科技工作者在与霜冻害的长期斗争中,不仅创造了丰富而有效的技术和手段,而且积累了丰富的生产经验。当霜冻来临时,应根据当地具体情况和不同作物特性,选择适合的方法进行预防。

1. 果树防寒防霜冻措施

果树防霜冻先是要做好果实的防寒:对已成熟的果实及时采收上市,对未成熟的果实在霜冻来临前喷防冻剂或套袋防寒保果。然后是做好树体的防寒,可以施用磷酸二氢钾、高镁施、绿芬威1号、复合型核苷酸等叶面肥,提高果树抗寒能力。对成年木本果树做好冬季树干涂白,在霜冻来临前夜进行果园灌水防霜,霜冻当天早上进行树冠喷(淋)水解霜;对草本、藤本等果树,可用稻草或薄膜覆盖防霜等。

2. 蔬菜防霜冻措施

(1)灌水保温。漫灌、沟灌,以浇透畦面、灌满畦沟为宜。

(2)有条件的地方可采取熏烟防霜措施。

(3)蔬菜苗床、育苗地采取小拱棚薄膜覆盖或用稻草等遮盖保温。

(4)对新种植不耐寒的蔬菜品种进行畦面地膜覆盖。

(5)喷施磷酸二氢钾等叶面肥,增强植株抗寒能力。

(6)喷施防冻剂。

第三节 霜冻来临之前养殖业的保护手法

面对灾害性天气,在寒冷潮湿的环境中饲养的家畜家禽,如果保温不好,常会导致尾巴、四肢、耳朵、脚爪等部位发生冻伤,特别是老、瘦、弱的家畜。为切实做好防冻工作,确保养殖业生产安全,使冻害可能带来的损失降到最低程度,特提供以下保护手法。

一、禽、畜养殖保护手法

第一,要及时采取保暖防冻的措施,增加栏舍保暖设施,如添置红外线灯、电热板,增加畜禽垫料及安装带排烟管的火炉等,有漏缝地板的栏舍可用稻草等铺垫严实。

做好畜禽保暖主要采取六方面的管理措施:

一是关好门窗,防止畜禽舍内温度大幅度变化。

二是采用供暖设施,确保畜禽有适宜的活动环境。

三是舍外放养的畜禽及时赶回栏舍,避免在外受冻死亡。

四是畜禽舍内铺上垫草,防止畜禽受冻受凉。

五是养殖场备足饲料和饲草,防止冰冻后产生饲料供应的困难。

六是保持畜禽舍空气新鲜,防止疾病的发生。

第二,全面检修栏舍,防止漏风漏雨,有安全隐患的畜禽舍注意加固,供水、供电设施有问题及时更换。供水管要用保温材料包扎好,防止水管破裂。雪后及时清除积雪,防止畜禽舍被雪压塌。

第三,要加强饲养管理。

首先,要增加动物营养供应,提高日粮中的能量和蛋白质水平、补充多维素,增强动物体质,提高机体御寒能力。

其次,加强母畜禽及幼畜禽的护理,不要使用冰冻饲料及霉变饲料饲喂;如果条件允许,不要让动物直接饮用冰冻水,最好加热成温水再供饮用。

再次,天气变化大,容易使畜禽免疫抵抗能力降低而导致病害。要加强动物防疫工作,及时做好畜禽舍的消毒隔离,防止外来疫源的传入和重大疫情发生。

二、禽畜养殖御寒实例

以养猪御寒为例。

霜冻来临前,养猪工作者要先想办法提高猪舍温度。简便、经济、实用的办法有两种。一是开放式猪舍覆盖塑膜。最好是覆盖双层塑膜,虽然成本比单层塑膜覆盖高些,但保温效果较好。这种办法适宜肥猪舍和非哺乳母猪舍。二是用红外线保温灯加热增温,适宜于哺乳母猪舍和仔猪舍。

为了给猪舍的后墙、山墙、前墙增加保温设施,可以堆放作物秸秆,也可以临时砌泥土坯。最好是在猪舍初建时,就把外围的四面墙体做加厚处理。陈旧的猪舍要及时封严墙休、门窗的残留缝隙。

有条件的猪舍,最好用木板、竹板、加厚纤维板等温暖性床板,没有条件可铺设水泥预制板。

三、水产养殖保护手法

1. 提高鱼塘水位

能够抽到优质水的鱼塘,尽量把鱼塘水灌满。对池塘和小水库等,应增加蓄水,提高保温能力。一般要求水深要在 2 米以上为佳。有条件的地方,可抽取地下水,或引入地热水或工厂余热水,提高池塘水温。网箱养殖区应尽量将网箱下沉。稻田养鱼则应尽可能在霜冻来临前捕捞干净,以免受损。

2. 搭建防寒棚

霜冻来临前,要检修设施,加盖薄膜和加固保温棚。不耐低温的品种或水浅的池塘,应尽量在霜冻来临前捕捞上市,以免损失。也可以把整个塘用薄膜盖住,或在鱼塘的北面搭防风棚。

3. 人工加温

在鱼塘边烧火可以升温,也可用锅浮在鱼塘水面并在锅内烧木炭或木柴,或在池塘相对较深处做鱼窝(用稻草、茅草等保暖性能较好的物体捆绑成团置于池塘中)。

4. 保持鱼塘安静

水温低的时候,鱼群自己会聚集在比较安静的地方,安全过冬。所以要保持周边安静。同时,要加强巡塘。要早、中、晚观察水色变化,确保池水的"肥、活、嫩、爽"。如发现水质变色、浑浊、有异味等情况,要及时更换新水。也可以用一些水质改良剂、底质改良剂及微生物制剂和活菌,改善水质。

第四节 畜禽冻伤的应急处理办法

寒潮袭来,虽然有了种种预防措施,但是难以保证没有禽畜的冻伤。这时,就需要一些应急的处理办法。要快速、准确地处理好冻伤,首先要了解冻伤的程度。一般情况下,按冻伤严重程度可以分为三类:

冻伤程度	症状
轻度冻伤	皮肤及皮下组织充血、水肿
中度冻伤	皮肤红肿,出现大小不等的水疱,破后变干,表皮脱落,有感染症状
重度冻伤	冻伤深达皮下、肌肉,甚至达骨骼和韧皮部,皮肤呈紫色、紫褐色,局部感觉消失

新农村农业灾害应急实用手册

一、轻度冻伤应急处理办法

第一，用60度白酒或浓度为10%—20%的樟脑酒精外擦患部；如果用温水温敷，水温从20℃开始，并逐渐加温至38℃—42℃。当患部组织温度恢复正常后，立即擦干，裹以棉絮保温。

第二，可用花椒壳250克，掺上食盐100克，炒热后敷伤部。

二、中度冻伤应急处理办法

第一，如患部仅为小水泡，可按表皮冻伤治疗。

第二，如患部为大水泡或破溃，则需将大水泡挑破，用淡盐水清洗后，再用红花生姜冻伤液擦洗。

附：红花、生姜冻伤液配方

用料：红花200克；红辣椒200克；当归250克；生姜250克；樟脑30克；60%乙醇6000毫升。

配置方式：红花、生姜、当归、辣椒研磨成细末，混匀放入干净的密闭容器内，加入5000毫升乙醇，浸泡7天以上，去渣过滤备用。

另取樟脑30克溶于60%乙醇1000毫升中，再与上述浸泡液混合，搅拌均匀过滤即成。

用法：每日涂患部2—3次。

三、重度冻伤应急处理办法

第一，及时切除患部坏死组织，创面可用烧酒或10%—20%樟脑酒精外擦按摩或涂当归紫草冻伤膏。

第二，为防止感染，可在外涂的药膏中加入抗菌类软膏如红霉素软膏；如并发感染，可对患部组织按创伤感染治疗。

第三，肌肉注射抗菌类药物，静脉注射葡萄糖和钙剂，并给患畜饲喂含有丰富维生素、矿物质、蛋白质的饲料。

第四，做好畜禽舍的保温工作，控制全身感染。

附:几个治疗冻伤的土方

☆胡萝卜烧软,取皮外贴患部,或用胡萝卜煎汤趁热外洗患部。

☆辣椒秆、麦苗煎水洗冻伤部位。

☆辣椒秆、茄子秆各 250 克,混合煎水,取药液放在容器内,早晚加热擦洗冻伤部位。

☆甘油和酒精 1:1,混合搽患处。

☆樟脑、酒精、0.25% 碘酒等量混合擦患处。

☆凡士林 200 克、香油 10 克、鱼石脂 20 克、樟脑 2 克,混合调成膏,取适量涂擦在冻伤部位直至痊愈。

☆冬青叶、皮 500 克,水 2000 毫升,熬至 800 毫升,过滤后再熬成膏,涂患处。

☆萝卜切片,烤热后敷贴在家畜冻伤处,连用数日,对猪、牛、羊足部冻伤有良效。

第五节　冻后恢复生产实用技术

初霜冻发生在作物成熟前期,直接影响产量,受灾后即使采取补救措施也很难挽回损失,所以在初霜冻危害较重的地区,应该选用耐寒和早熟品种,合理调整播种期,加强田间管理,确保作物在霜冻来前充分成熟。东北地区后期热量条件及初霜的早晚是决定作物后期是否能够充分灌浆、产量高低的重要因素。

对于已经受灾的农作物,根据不同情况分别对待。

一、蔬菜

已发生冻害的幼苗,应在晴天进行清除受冻残体,注意茄果类蔬菜灰霉病、早疫病的发生与防治。未受冻害的幼苗,也要抓住晴天普遍施药一次。受灾蔬菜可按照严重、中等、一般三个受灾级别判定,对受害轻的植株,可采取剪除冻坏枝叶,追施速效肥等措施,恢复生长。受冻害严重的菜田,应改种速生类蔬菜。

1. 受灾一般级

蔬菜被寒、冻害后症状轻微的,定为受灾一般级蔬菜。对新种植不耐寒蔬菜品种的田地可进行畦面地膜覆盖。对蔬菜苗床、育苗地采取小拱棚薄膜覆盖或用稻草等遮盖防寒保温,待天气转好,抢晴天播种育苗或定植大田,增施薄施有机肥,促进蔬菜生长,提早上市供应市场。

2. 受灾中等级

蔬菜被寒、冻害时,外叶或果实变色低于50%以下,但生长点或心叶未出现水浸状溃疡状或变色,定为受灾中等级蔬菜。待天晴气温回暖后,摘除病叶(果)、黄叶等,清洁田园,中耕喷药,增施有机肥,也可喷施磷酸二氢钾等叶面肥,增强植株抗寒能力,促进蔬菜生长。

3. 受灾严重级

当蔬菜被寒、冻害造成生长点或心叶呈水浸状溃疡状或变色时,定为受灾严重级蔬菜。对已经受灾严重的蔬菜,应抓紧时机采收上市,减少损失。受冻害严重的菜田,应抓紧天晴时机翻犁菜田,待气温回暖后改种速生类蔬菜,如小白菜、春菜、生菜、芥菜、菠菜等。

二、玉米

第一,遭轻霜冻后,玉米叶片呈红绿色,生长减慢,但回暖后叶色转绿,恢复正常生长;如果加强管理,仍能获得一定收成。

第二,比较重的霜冻会把玉米叶尖、边缘的细胞冻死,回暖后转白变干,不能恢复生长。

第三,严重的霜冻使玉米地上部组织结冰,呈半透明状,坚硬挺立,呈墨绿色,日出后化冻倒折。特别严重的霜冻会冻死生长点,必须重播早熟作物和早熟品种。

三、果园

第一,花期受冻后,在花托未受害的情况下,喷赤霉素,可以促进单性结实,弥补一定产量损失。

第二,实行人工辅助授粉,促进坐果;喷施 0.3% 硼砂 + 1% 蔗糖液,全面提高坐果率。

第三,加强土肥水综合管理,养根壮树,促进果实发育,增加单果重,挽回产量。

第四,加强病虫害综合防控。果树遭受晚霜冻害后,树体衰弱,抵抗力差,容易发生病虫危害。因此,要注意加强病虫害综合防控,以尽量减少因病虫害造成的产量和经济损失。

四、甘蔗

第一,对受灾严重、蔗茎已坏死,不能再继续留养宿根,需要及早做好留种、新植备耕。

第二,对影响不大的宿根蔗,应及时采取相应的护茎措施。

第三,加速调整甘蔗品种结构,霜冻生灾区应使用抗寒性强的高产品种。

如 2010 年 12 月 16 日至 2011 年元月上旬,广西各地遭受了严重的长期低温霜冻危害,尤其桂中、桂西北蔗区受害较重。经实地调查后发现,砍收早的宿根蔗未经地膜覆盖,出现蔗茎上部芽变褐,严重的地方整茎坏死。受霜冻害严重的未收获的甘蔗生长点及侧芽完全受害死亡;而受霜冻较轻的甘蔗由于前期温度的提高,使得大部分侧芽已经萌发,使留种也存在很大的风险。专家建议霜冻生灾区应尽量避免种植新台糖 22 号,使用抗寒性强的高产品种。

寒潮霜冻过后,气温回升后要及时补肥。对已经出苗的,结合中耕松土,及时追施草木灰、地灰、牛、猪粪或堆肥等热性农家肥,提高地温,促进植株恢复生长。

气温回升后,可采取"控氮增磷钾"的方法,促进植株生长。具体做法是:每亩施尿素 5—10 千克、硫酸钾 10—15 千克、磷肥 10—15 千克。

及时补肥还包括追施叶面肥。具体做法是:每亩用尿素三两、磷酸二氢钾四两、红糖五两兑水 50 千克进行叶面喷施。

为了预防病害,在寒潮霜冻过后,还应选择晴天对已经出苗的农作物喷撒相应的防病药剂。同时,县、镇农技服务部和农资部门应做好优良种子、化肥、农药和农膜等农资的储备工作,以保证灾后恢复农业生产所需要的生产资料供应,确保农民群众恢复农业用药用肥安全,做好灾后恢复农业生产自救指导工作,将灾后补种、改种工作落到实处。

霜冻谚语

1. 霜加南风连夜雨。
2. 霜下东风一日晴。
3. 雾吃霜,风大狂。
4. 晚秋吹北风,日头火样红;日落红霞现,风停霜必浓。
5. 趁地未封冻,赶快把树种。
6. 大地未冻结,栽树不能歇。
7. 小雪虽冷窝能开,家有树苗尽管栽。
8. 到了小雪节,果树快剪截。
9. 大小冬棚精细管,现蕾开花把果结。

第7章

雷电、火灾

第一节　雷电灾害的防御

1994 年 8 月 30 日凌晨 3 时 40 分,山东省临沭县羽绒厂的开料车间里火光冲天,紧接着相邻的六间厂房也被引燃。厂房里的布料、半成品及生产设备被大量烧毁。这是一起由强雷暴击引发的特大火灾。后虽经公安消防干警和本厂职工的奋力扑救,仍未能挽回损失,造成直接经济损失 40 万元。

2009 年 8 月 4 日 18 时 18 分左右,杭州建德市电闪雷鸣,雷声阵阵。建德市横山气体有限公司遭雷击,击坏厂内低配开关柜内 1 只断路器,造成全厂区停电。直接经济损失 1 万元,间接经济损失 50 万元。

1995 年,云南省昆明市正大饲料厂内发生雷击伤人事件,造成 2 人死亡。雷电同时损坏厂内设备,价值 120 万美元。

雷电灾害是自然现象,非人力所能抗拒。雷电能使电子信息系统受到破坏、通讯中断、建筑物被毁,甚至危及人的生命安全,造成不可估量的经济损失。面对雷电灾害,农民朋友需要学习一些防御措施,以减少不必要的损失。再者就是要安装必要的防雷装置,将危险降低到最低点。

一、雷电防御措施

第一，家庭使用电脑、彩电、音响等电器设备不要靠近外墙，并且要安装避雷器，以防雷电来临时击毁这些物品。

第二，要加强防雷设备、设施的建设和完善，如安装避雷针、避雷带等进行直击雷防护。

第三，在雷雨天气时，千万不要到河湖附近活动。因为水体的导电性能好，在水中和水边遭雷电击死、击伤的可能性较大些。

第四，日常晒衣服、被褥等用的铁丝不要拉到窗户或门口，以防铁丝引雷致人死亡。

第五，电视机的室外天线在雷雨天气时要与电视机脱离，并且与接地线连接。

第六，雷雨天应关好门窗，防止球形雷窜入室内造成危害。球形雷是一种呈圆球形的闪电球，它会随气流自由飘荡，路径不定，一旦入屋，具有较大的破坏力。

二、防雷安全装置

现代农村，农民朋友一般都住的是三五层的楼房，有的甚至更高。大部分农户家里彩电、冰箱等电器一应俱全。随着楼房增高、电器增多，遭受雷击的风险也增加了。为了保证农民朋友自身和家庭财产安全，必须安装一些防雷装置。常用的防雷装置有避雷针、避雷线、避雷网、避雷带、避雷器等。

防雷装置主要由接闪器、引下线和接地体三部分组成。

接闪器：位于防雷装置的顶部，其作用是利用其高出被保护物的突出地位把雷电引向自身，承接直击雷放电。

引下线：连接接闪器与接地装置的金属导体称为引下线。

接地体：埋入土壤或混凝土基础中作散流用的导体。

许多农户很喜欢在房顶架设室外电视天线，这是很不安全的做法。如果确实需要架设天线，一定要在其旁边架设金属避雷针来保护天线。否则,当天线遭雷击时,不仅电视机会遭雷击损坏,而且可能伤及室内人员。

太阳能热水器近年来在农村普遍使用。农民朋友要注意,在雷雨天不要使用太阳能热水器。因为一般家庭的太阳能热水器都装在屋顶高处,在雷雨天使用,一方面可能会让雷电袭击热水器,毁坏太阳能集热板;另一方面还可能会使雷电沿着电源线路、输水导管等设备接入室内,带来不必要的损失。农民朋友应尽可能地将太阳能热水器安装在低处,并在热水器附近增加避雷针、避雷带、避雷器等防雷装置。针对具有自动上水、加热等功能的太阳能,为防止雷电波侵入,对电源线路要采取接地、屏蔽等相应的防护措施。

第二节 突然碰到雷电灾害怎样保安全

2007年5月23日下午4时左右,重庆开县电闪雷鸣,突降雷阵雨。该县义和镇兴业村小学一声巨响,正在上课的小学四、六年级两个班级学生遭到雷击。有的学生全身被烧焦,有的头发竖起,衣服、课本的碎屑撒了一地。这次雷灾造成7人死亡、19人重伤、20多人轻伤。后证实,这是球形雷所导致的灾难。

通过这个案例我们可以看到,雷电的危害是巨大的,轻者能使人负伤,重者则能致人死亡。那么,农民朋友怎样做才能避免受到雷电伤害?这里我们从室外、室内两方面的防御措施来为农民朋友提供一些方法,以供参考。

一、室外防雷

第一,突降雷雨时,不可躲在大树下避雨。如万不得已,则须与树干保持3米距离,并尽可能下蹲,双脚并拢。

第二,在野外不要进入无防雷设施的棚屋、岗亭等。

第三,不要在山洞口、悬岩下躲避雷雨,应尽量躲到山洞深处。

并且要双脚并拢,身体不可接触洞壁,同时应把身上所携带的金属物件,比如手表、戒指等一一取下,放到旁边的地上。

第四,在雷电交加时,如果感到皮肤颤动或头发竖起,说明将要发生雷击。此时应立即躲避,躲避不及时,应赶紧趴在地上,可以自我保护。一旦有人遭到雷击,可能会出现烧伤或休克现象,此时不要紧张害怕,遭受雷击的人身上并不带电,可以安全地对其实施紧急救助。

第五,雷雨天气,手中若持有金属杆雨伞或高尔夫球杆、锄头、铁锹等带金属的物品,一定要暂时丢弃这些物品,或让其低于人体,这样可以避免遭受雷击。

第六,雷雨天气不宜做户外运动。如在雷雨中快速开摩托车、快速骑自行车,或者在雨中狂奔。

二、室内防雷

第一,在强雷雨到来时,为了避免电视、电脑、洗衣机、微波炉等家用电器遭受雷击,应将其关闭,同时拔掉电源插头。特别要注意的是拔掉电视信号线和电脑网线。

第二,雷雨天气要关闭好门窗,目的是为了防止直接雷击和球形雷的入侵。此外还应尽量远离阳台、外墙壁和门窗。

第三,雷雨期间无论是在室外打手机,还是在室内使用固定电话,都非常的不安全,容易遭受雷击。因此在雷雨天尽可能不打或少打电话,必须打时要使用免提功能。

第四,雷雨天气最好不要在家洗淋浴,特别是那些在太阳能热水器旁没有安装避雷装置的家庭。

三、遭遇雷电的自救与互救

那么一旦遭遇雷电袭击,应如何自救互救?

第一,伤者一旦遭遇雷击,身上起火,千万不可惊慌奔跑或用手拍打,因为奔跑或拍打会使火势越烧越旺。此时应立即设法脱掉衣服或就地打滚,或者爬到有水的地方,扑灭身上的火焰。救助者可向伤者身上泼水灭火,也可用厚外衣、毯子把伤者裹住扑灭火焰。一旦不幸被烧伤,应当立即用冷水冲洗,然后用干净的布包扎伤口,并迅速送到医院抢救。

第二,如果在雷电天气时发现有人突然倒下,口唇青紫,呼吸心跳骤停,应立即进行心肺复苏。此时伤者的死因是心脏停止跳动,所以应用心肺复苏法,在4分钟之内对伤者进行抢救,以恢复其原有功能。若心跳停止超出4分钟再抢救,容易造成脑组织永久性损伤,甚至导致死亡。

第三,心肺复苏包括人工呼吸和心脏按压。

人工呼吸有多种方法,最常用的是口对口人工呼吸法和口对鼻人工呼吸法。口对口人工呼吸法适用于呼吸道无阻塞的病人。具体操作方法是:

一是将伤者仰面平放在安全的地方,解开衣扣,以免阻碍其呼吸。

二是取出伤者口腔内的异物,如泥土、黏液等,使其呼吸顺畅。

三是救助者站在伤者头部的一侧,一手将其鼻孔捏住不使漏气,深吸一口气,对着伤者的口将气吹入,造成吸气。

四是救助者嘴离开,放松鼻孔,并用一手压其胸部,以帮助呼气。

五是反复进行,每分钟进行14—16次。

口对鼻人工呼吸法是指如果伤者牙关紧闭,可对其鼻孔吹气。救助者吹气力量以吹进气后,病人的胸廓稍微隆起为最合适。

第四,胸外按压法。

救助者两臂位于病人胸骨的正上方,左手掌根部紧贴伤者胸骨中段1/3与下段1/3交界处,右手掌根重叠放在左手背上,垂直用力向下按压。按压要平稳,不能间断,不能冲击猛压。对中等体重的成人下压深度应为3—5厘米,按压次数为每分钟60—100次。

在进行胸外按压的同时,进行口对口人工呼吸更有效果。当只有一名救助者时,可先口对口吹气,然后立即进行心脏按压,大约每按压4—5次,对口吹气一次。

在心肺复苏同时呼叫120,争取及时送往医院抢救。

如果我们平时能多掌握这些实用的救护方法,那么在碰到类似的雷电灾害时,就能及时地救治自己和救护他人,保护自己和他人的生命安全。

第三节　家庭火灾的预防和应急措施

日常家庭生活中,为了给自己和亲人营造一个安全的家,农民朋友要有意识地消除家中的各种火灾隐患,平时在使用明火要时刻注意防火。

要想避免家庭火灾的发生,重在预防。我们在这里为农民朋友提供一些火灾的预防措施,以供参考。

一、家庭火灾的预防

1. 厨房

多数家庭火灾发生在厨房。所以农民朋友在做饭时尽量不要离开灶具旁,更不能长时间无人看管;不要把毛巾、抹布等放在煤气炉等炉具上;做饭时,一旦锅里的油着火,要立即用锅盖或抹布扑灭火苗,千万不要往锅里泼水;窗帘及其他物品尽可能离炉具远些。

2. 卧室

许多烟民喜欢躺在床上或沙发上吸烟,并且随手乱扔烟头,这样做非常危险,极易引起火灾。农民朋友要做到不躺在床上吸烟,不随便乱扔未熄灭的烟头,吸剩的烟头一定要放在烟灰缸里。

家用电热器、取暖炉要远离家具、电线、电器设备等;在睡觉前或家中无人时,要切断电视机、电脑、电风扇、电热器、取暖炉等家用电器的电源;不要把衣物、纸张等易燃物品放在靠近电暖气和炉火处;火柴、打火机等物件应放在儿童够不着的地方,平时应多给孩子讲解防火方面的知识。

3. 起居室

室内装饰、地毯、装饰布要选择防火性能好的纤维和材料。如果发现起居室内的电线已损坏,要及时更换,按安全规范配置线路。

4. 屋顶

当家中不幸起火时,易燃的屋顶材料很容易被点燃。所以农民朋友在修建屋顶时要注意采用防火性能好的材料,如石棉瓦、贴砖、混凝土瓦等。另外需要注意的是,要经常修剪垂在屋顶的树枝,清除屋顶上的易燃杂物。

5. 墙

如果发现墙上电闸盒保险丝熔断、电视图像不稳、灯光闪烁、开关或电源插座直冒火星等,要立即请电工到家中进行检查修理。为了预防家庭电气火灾,可以考虑安装漏电保护器。电插座、开关附近千万不要放置可燃、易燃物品。

6. 防盗门、阳台护栏、窗户

防盗门和阳台护栏往往是逃生的障碍物。农民朋友安装护栏时应在适当的地方留下活动开口,安装的防盗门应易于开启,以便发生火灾时能借助它们顺利逃生。

有些农民朋友喜欢用大件笨重的家具堵住窗户,或把花盆、杂物堆放在窗台上,殊不知这样做极易造成火灾隐患。农民朋友平时应把窗边的杂物清理干净,以便万一发生火灾时能从窗户上往外跳,顺利脱险。

7. 过道

保持楼道清洁整齐,不乱堆乱放杂物,以免在火灾来临时影响疏散的顺利进行。如有必要,家庭可以配备灭火器,这样可以使你的家庭火灾发生的可能性减少一半。有条件的家庭可安装火灾报警器,每个星期应检查一次,每个家庭成员都要熟悉警报器的声音。

8. 房子外部防火

不要在房屋周围堆放木柴等易燃物,稻草垛要远离建筑物。要给消防车辆留有进出口,住宅门牌要醒目。

另外,我们还要管理好家中的可燃、易燃油品,避免油品火灾。要做到:

(1)不要往火炉炉口、炉膛倒汽油、煤油。

(2)油品要放在儿童够不到的地方,不要存放在厨房、卧室,不要与其他易燃物放在一起。

(3)不宜用汽油擦拭化纤衣物上的油渍。使用溶剂汽油擦拭衣服,如摩擦剧烈,会产生静电火花,形成火险。

(4)及时清理洒落的油品,切忌与明火接触。

二、家庭火灾应急措施

家庭生活中,难免会碰到意外。一旦遭遇火灾,家庭成员应立即采取应急措施,进行自我救助。具体方法是:

第一,家中发现火灾,不要惊慌失措,如果火势不大,应迅速利用家中的简易灭火器灭火。如果火势有增大的趋势,应迅速拨打火警电话119,并讲清报警人姓名、家庭住址、电话号码、着火物质及火势大小,同时在消防车必经路口进行接应。

第二,家用电器起火时,不可直接用水扑火,以防触电或电器爆炸。应先切断电源,再用湿棉被或湿衣服将火压灭。电视机一旦起火,要特别注意从电视机侧面扑火,以防显像管爆炸伤人。

第三,如果在家中用酒精火锅吃饭,在添加酒精时突然起火,要迅速用杯盖、碟子等物品盖在酒精罐上灭火。

第四,室内起火,要先灭火,后搬运财物。若火势已无法控制,应迅速撤离,不要因顾及财物而失去最佳的逃生时间。

第五,家中一旦起火,不要惊慌。如果火势不大,应迅速利用家中的灭火器材灭火;如果火势过大,应用浸湿的毛巾、衣物掩住口鼻,压低身子,手、肘、膝紧靠地面,沿墙壁边缘爬行逃生。带婴儿逃离时,可用湿布轻蒙在他的脸上,一手抱着他,一手着地爬行逃出。

第六,救火时不要贸然打开门窗,以免空气对流加速火势蔓延。

若所在逃生线路被大火封堵,要立即退回室内,寻找阳台、窗户的逃生机会。若没有机会,可利用打手电筒、挥舞衣物、呼叫等方式向窗外发送求救信号,等待救援。

第七,居民在楼上时,如果出口和通道均被阻断,千万不要盲目跳楼。此时可利用阳台及落水管逃生,也可把床单、被套撕成条状连成绳索,拴在窗框、铁栏杆等牢固物上,顺绳滑向地面。

第八,邻室起火,千万不要开门,应到窗户或阳台上呼喊救援。否则,热气浓烟乘虚而入,会使人窒息。

第四节　森林大火的预防和应急措施

森林是国家的重要资源。它能净化空气、涵养水源、保持水土、防风固沙、保障农业的高产稳产。在不同的环境中,森林具有不同的作用。在雨水过盛时,森林可以有效阻止雨水直接冲到农田里,避免庄稼被毁坏。在风沙严重的地区,森林可以减弱风力,降低沙尘,有效地保护农作物不受风沙的侵害。

但是,森林火灾会破坏这种良好的生态关系,给人民的生命财产带来不可估量的损失。那么我们应该怎样做才能预防森林大火,保护森林资源?当森林遭遇大火时,我们又应采取什么样的措施,来及时施救?

一、森林大火的预防

1. 加强宣传教育

积极宣传预防和扑救森林火灾的基本知识,与新闻、文化、教育、妇联等有关部门密切配合,充分利用电影、电视、宣传册等载体,采取群众喜闻乐见的形式广泛开展宣传教育。重点抓好重大节日、重点季节防火宣传。

2. 林区火源管理

(1)对野外生产、生活用火管理。

在野外进行农业生产时,农民朋友应以割绿肥、挖坑沤肥等代替烧灰积肥,以劈田埂草代替烧田埂草等,这样不易引起火灾,造成大的灾难。进入防火戒严期(高火险期)时人们应停止一切野外用火。

在野外生产作业的工作人员,应选择靠近河流、道路等的安全地点,并在森林的一边开好防火线后再用火。用火完毕,一定要留下专门的人员清理火场,待余火彻底熄灭后,方能离开。

(2)对野外吸烟的管理。

主要是加强对入山人员的检查,不准携带烟火入山。对在林区内的工作人员,可采取集中吸烟的办法,指定专人负责,选择安全地点,吸烟后将烟头熄灭,并严格检查后方可离去。

(3)对上坟烧纸用火的管理。

在清明节等一些重大节日,要在通往坟地的道口增设临时哨卡,检查上山人员有无携带火种。防火期内任何人员都不能上坟烧纸。

3. 建立林火阻隔网

林火阻隔网包括:防火沟、防火线、防火林带、防火墙等。

(1)开辟防火路。

开辟防火路目的是为了隔离山火蔓延,减少损失。防火路要根据森林分布情况开辟,可开在森林中、山脊上。防火路的宽度应在三丈以上。开辟时要把防火路上杂草灌木全部拔除,并挖净树根、草根。

(2)防火沟。

防火沟是为阻止地下火而开设。沟面宽1米左右,沟深视腐殖质和泥炭层的厚度而定,沟底应低于地下水位或矿质土壤层。

(3)"绿色防火"。

"绿色防火"是指利用某些抗火性强的绿色植物,如木荷、火力楠、大叶相思、珊瑚树等,通过营林、造林、补植及栽培等经营措施,来增加林木自身的难燃性和抗火性,减少林火发生,阻隔林火蔓延。

二、森林大火应急措施

森林遭遇大火,如果不能及时灭火,火势蔓延,将会给国家和人民造成不可估量的损失。所以,在森林出现火灾时应立即采取措施,控制火势,彻底扑灭火灾。具体措施有:

1. 水灭火

森林遭受火灾时,水是最好的灭火剂。水可直接熄灭火焰,并能防止复燃。

2. 风力灭火

用风力灭火机等灭火器的强风切割火焰底部,使燃烧物质与火焰断绝。这样可使部分明火熄灭,未燃尽的小体积燃烧物飘进火烧地内。

3. 扑打灭火

对小面积草地、灌木等可燃物燃烧,火势较小时,可用扫帚、阔叶树枝等直接扑打灭火。扑打时切忌不要猛起猛落,以免使火星向四周飞溅,造成新的火点,扩大灾情。

4. 挖沟建立隔离带灭火

配备一支精干的队伍,在森林大火燃烧的前方挖沟建立隔离带。可用铁锹挖沟,也可在草地、土层较厚的地段用推土机开设生土带(注意应挖到矿物层以下 20 厘米处,以阻止火势蔓延)。隔离带内被伐倒的树木、树枝等可燃物要全部带走,放到安全的地带。隔离带宽度一般要为被保护一侧树高的两倍以上。

另外,在人烟稀少、交通不便的偏远林区,用飞机喷洒化学药剂,或者用人工降雨的方法,都能有效阻止森林火灾的蔓延。

5. 人在遇到森林大火时应采取的措施

(1)大火来临时,应立即用沾湿的衣服遮住口鼻,并在附近寻找天然的防火带,例如树林中的开阔平地或者河流等,都可以有效地阻挡火势的蔓延。

(2)判明火势大小、火苗延烧的方向,逆风逃生。

(3)在大火扑来时,如果时间允许,可点燃身边的野草,烧出一片空地,迅速进入空地卧倒避烟;在被大火包围且火势较弱的情况下,应快速穿过火场到达已经烧光的地面进行避难。

总之,农民朋友在遭遇森林大火时,要果断的采取措施,对自身进行保护,对森林火灾进行积极有效的扑灭,以减轻国家的损失。

第五节　草原火灾的预防和应急措施

2010年12月5日,四川省道孚县发生草原火灾,当地独立营官兵和群众立即前往扑救。他们在进入地势复杂的沟底处理余火时,突起的大风将余火吹燃,导致火灾加剧,扑火的战士和群众被围困在沟中无法突围,酿成惨剧。据统计,这次火灾共造成22人死亡,1人重伤。火灾使数百亩草原化为灰烬。

经查实,火灾起火原因是:当地村民她姆带领孩子维护自家的经幡丛时(给经幡杆子加固,以新换旧经幡),把随身携带的火柴放置在经幡丛边地上。其幼子在经幡丛附近玩耍火柴,将枯草引燃。她姆发现后立即扑火,但未能控制火势,引发了山地灌丛草地火灾。

由此可见,我们在日常生活中必须注意草原火灾的预防,杜绝草原火灾的发生,以免给人民的生命财产造成损失。那么,应采取哪些预防和应急措施?

一、草原火灾的预防

1. 加强宣传教育和培训工作

以内蒙古的锡林郭勒盟为例,为防止草原火灾的发生,他们积极宣传各项预防措施,主要内容有:

(1)定期在锡林郭勒盟日报、晚报等报刊上开设消防专版,广泛宣传消防安全常识,并与锡林郭勒盟电视台沟通协作,定期报道消防工作动态,进一步扩大消防宣传影响力。

(2)当地支队制作了5000条横幅,悬挂在各个宾馆、饭店、商场门口,潜移默化中使得人人懂消防,人人会消防。充分利用手机短信平台和各类电子显示屏,向广大人民宣传消防基础知识。

(3)当地相关部门组织官兵走上街头,通过发放宣传单、张贴宣传标语、解答群众咨询、展示消防器材装备等形式,向群众宣传讲解有关消防安全知识,并介绍在大火来临时如何自救和互救。

2. 加强草原防火基础设施建设

很多地方草原防火交通工具和灭火机严重损坏老化,维修更新不及时,难以满足扑灭大火需要。因此,加强草原防火基础设施建设势在必行。比如,要积极建设草原防火物资储备库,保证有足够多、足够好的风力灭火机、防火服和防火车。

3. 加强火源管理,杜绝火灾发生

随着经济的发展,到草原从事开矿、旅游度假、农牧业生产的人员增多,生产和生活用火也随之增加。为防范草原火灾的发生,我们首先应当给行驶在草原上的车辆安装防火装置,严防漏火、喷火和机动车闸瓦脱落引起火灾。因生产需要在草原上进行勘察、施工等活动的,因生活需要在草原上使用明火的,都应当采取必要的防火措施,杜绝火灾的发生。

4. 建立隔离带,有备无患

一旦发生火灾,建立防火隔离带是阻止火势蔓延的重要措施。建立防火隔离带需遵循的条件是:首先,防火隔离带必须达到一定的宽度,以避免一侧发生火灾时引燃另一侧的可燃物。其次,要保证隔离带内无可燃物的存在。

隔离带的设置常用的有以下两种方法:

隔离带设置法

对于植株比较高大的植物,应采取机械作业或者人工割草作业的方法,清除地表植物,设置防火隔离带。

对于植被较稀疏的地段,宜采用放牧和人工喷洒化学除草剂等措施制造隔带。

二、草原火灾应急措施

目前,草原灭火方法主要有两种:一种是直接灭火法,一种是间接灭火法。两种灭火法可单独运用,也可配合运用。

1. 直接灭火法

常用的灭火方法有扑打法、沙土埋压法、水灭法、化学药剂喷洒法和风力灭火机灭火法。上述方法如能同时进行,效果更佳。

(1)如有水源和喷洒化学药剂的条件,可喷洒水或化学药剂灭火。

(2)灭火人员到达火灾现场后,可用二号工具直接扑打火苗。如果没有二号工具,则可站在火头两侧,用木棍或树枝绑着苫布、毡片扑打火焰。扑打时,要注意与火苗保持一定的距离。

(3)随后到达火场的人员,可紧跟扑打人员用铁锹铲沙土埋压火焰。

(4)如大火威胁到居民住宅、畜群点或其他建筑设施时,要及时设置隔离带,保障其安全。可用土掩埋地表的草被(草被不是太长),或者清除地表草(草被较繁盛);隔离带宽度可根据风速或者火势蔓延速度及植被高度来决定。

(5)用灭火机灭火,风力灭火机与火头最少要成60度,交叉鼓风,有利于控制火势。

2. 间接灭火法

采用直接灭火法不能控制火灾时,需将火头赶往道路、河流、荒漠等地带,以阻止燃烧。如果附近没有类似地形,又无其他方法控制火势,火场指挥员应在火头前进方向的一定距离处开辟防火道,以阻止火势蔓延。

防火道与火头的距离,应按打成防火道所需的时间和在这段时间内火头前进最长的距离来估算,如火头前进的速度为5秒/米,打成防火道约需10分钟,则确定防火道距离不得少于3000(10×60×5)米。这样可以有效防止出现防火道尚未打成、火头就已赶到的局面。

防火道的宽度应相当于草高的 10 倍,开辟平行并列的 3 条,每条防火道间隔 10 米。防火道的长度应是火头蔓延宽度的 1.5—2 倍。

开辟防火道可用开沟机、推土机来开辟,也可安排人员分片、分段割除枯草等可燃物。割除的枯草等可燃物应放在火场上风向的一侧。

3. 人在遇到草原火灾时怎么办?

(1) 在被突来的草原大火围堵时,不要惊慌失措不顾方向地乱跑。必须选择草木较少、火势较小的位置,用衣服等物品防护住自己的头,憋住一口气,迎着火猛冲突围。一旦冲过窄窄的火线,就安全了。

(2) 如果时间来得及、条件允许,可以劈出或者有控制地点火烧出一小片地域,作为避难逃生之用。

火灾避难口诀

熟悉环境,暗记出口。

通道出口,畅通无阻。

保持镇静,明辨方向。

不入险地,不贪财物。

简易防护,蒙鼻匍匐。

善用通道,莫入电梯。

缓降逃生,滑绳自救。

避难场所,固守待援。

缓晃轻抛,寻求援助。

火已及身,切勿惊跑。

跳楼有术,虽损求生。

逃生预演,临危不乱。

第 8 章

地震

第一节　地震成因和常用术语

1976 年 7 月 28 日,唐山爆发了震惊世界的 7.8 级大地震,顷刻之间,一座现代化的工业城市变成废墟,24.2 万人的生命化为乌有。据统计,这次地震使唐山市 15000 多个家庭解体,留下 1800 余位孤寡老人、4200 多个失去双亲的孤儿、3817 位截瘫患者……

2008 年 5 月 12 日 14 时 28 分 04 秒,8 级强震猝然向四川汶川、北川袭来。据统计,汶川地震遇难人数及失踪人数总和超过 87000 人,直接经济损失达 8451 亿元人民币,这是新中国成立以来破坏性最强、波及范围最广的一次地震。

2011 年 3 月 11 日,日本当地时间 14 时 46 分,日本东北部海域发生里氏 9.0 级地震并引发海啸,造成重大人员伤亡和财产损失。地震震中位于宫城县以东太平洋海域,震源深度 20 公里。地震引发的海啸影响到太平洋沿岸的大部分地区。世界银行随后公布了东日本大地震的影响预测,经济损失最多将达 2350 亿美元……

地震是自然现象,非人力所为,也不能逃脱。大地颤抖,山河移位,满目疮痍,生离死别……让人们往往谈震色变。面对不知何时会来临的地震,我们需要学习一点预防以及在地震中的自救常识,以减少由于恐慌而带来的不必要的损失。正所谓,知己知彼,百战不殆,要应对地震,先要明白什么是地震,地震又是怎么产生的。

一、这就是地震

地震是地壳运动的一种表现,即地球内部缓慢积累的能量突然释放而引起的地球表层的振动。我们知道,地球时时刻刻都处于运动变化之中。在地壳运动过程中,地下的岩层会受到不同程度的挤压、拉伸、旋扭等力的作用,当力大到一定程度的时候,在岩层构造比较脆弱的地方或原有断层处就会发生突然、快速的破裂,岩层断裂之处就是震源,岩层断裂所产生的振动就是地震。

据统计,全世界每年发生地震大约 500 万次。其中,绝大多数地震很小,不用灵敏仪器便觉察不到。这类地震约占地震总数的99% 。一般情况下,5 级以上地震就能够造成破坏,习惯上称为破坏性地震,平均每年发生约 1000 次;7 级以上强震平均每年 18 次;8 级以上大震每年发生 1—2 次。

根据地震发生原因的不同,地震可分为以下三类:

地震名称	地震起因	影响范围	次数
陷落地震	当上层地壳压力过重时,地下的巨大石灰岩洞突然塌陷,发生地震	不大	不多
火山地震	火山爆发时,熔岩冲击地壳,发生爆炸,使大地震动	不大	不多
构造地震	它是地球内力作用等引起地层断裂和错动,使地壳发生升降变化;巨大的能量一经释放,被激发出来的地震波就四散传播,引起强烈地震	很大	很多

地球上 90% 的地震都是由于地壳的断裂造成的,因此,我们要预防的主要是构造地震。

二、常用地震术语

1. 烈度

地震烈度是地震对地面及建筑物、构筑物的破坏程度。每次地震,离震中越近,破坏性越大,烈度就越高。

我国将地震烈度分为 12 度。地震烈度和地震震级是两个概念,如唐山 7.8 级地震,唐山市的地震烈度是 11 度,天津中心市区的烈度是 8 度,石家庄的烈度是 5 度。

2. 震级

震级是度量地震大小的等级,即衡量震源释放出能量的大小。震级与烈度,两者虽然都可以反映地震的强弱,但含义并不一样。同一个地震,震级只有一个,但烈度却因地而异,不同的地方,烈度值不一样。

例如,1990 年 2 月 10 日,常熟太仓发生了 5.1 级地震,有人说在苏州是 4 级,在无锡是 3 级,这是错的。无论在何处,只能说常熟太仓发生了 5.1 级地震。但这次地震,在太仓的沙溪镇地震烈度是 6 度,在苏州地震烈度是 4 度,在无锡地震烈度是 3 度。

3. 震源、震中和震中距

震源是地下发生振动的发源地;震中是地面上与震源正对的地方;震中距是从震中到地面上任一点的距离。

4. 余震

余震是在主震之后接连发生的小地震。余震一般在地球内部发生主震的同一地方发生。通常的情况是一个主震发生以后,紧跟着有一系列余震,其强度一般都比主震小。余震的持续时间可达几天甚至几个月。

第二节 地震前兆早知道

既然地震是自然现象,出现地震也和风雨等一样,是有前兆的。地震前兆指地震发生前出现的异常现象,如地震活动、地表的明显变化以及地磁、地电、重力等地球物理异常,地下水位、动物的异常行为等。

地震前,震源及其附近的物质会发生一系列异常变化。一般我们将地震仪器观测到的地球物理场、化学场和微小地形变异常称为微观前兆,而将动植物和自然界所表现出的异常,称为宏观异常。

地震宏观异常在地震预报尤其是短临预报中具有重要的作用。1975年辽宁海城7.3级地震的成功预报,就跟震前广大群众观察到的大量宏观异常现象有关。固然,目前人类不能阻止地震的发生,但是,我们可以采取有效措施,提前预防,最大限度地减轻地震灾害。

一、动植物异常

地震前动物比人先知先觉的科学道理目前尚不完全清楚,但是震前动物的异常现象在我国古代地震资料中早有记载。据不完全统计,在震前有异常的动物就有几十种,空中飞的、地下跑的、水中游的,无处不在。

震前动物异常比较普遍,表现行为有:烦躁、惊慌、不安、活动反常、不吃食、不进圈,有的委靡不振、表情呆滞。动物异常出现的时间多集中在震前几分钟至两三天,以震前一天反应居多,震中区最为集中。

根据地震前动物异常反应,人们编写了预报地震的歌谣:

震前动物有预兆,群测群防很重要。
牛羊骡马不进圈,猪不吃食狗乱咬。
鸭不下水岸上闹,鸡飞树上高声叫。
冰天雪地蛇出洞,大猫衔着小猫跑。
兔子竖耳蹦又撞,鱼朝水面乱跳跃。
蜜蜂群迁闹哄哄,鸽子惊飞不回巢。
家家户户都观察,综合异常作预报。

震前植物异常现象与气温、地温变化有一定的关系。表现为在冬季果树开花、重果,竹子开花,竹笋发芽,树干裂缝,提前发芽长叶。在夏季,如成熟南瓜重新开花,含羞草、榕花树叶子开合时间反常等。

二、地下水异常

地下水包括井水、泉水等。主要异常有发浑、冒泡、翻花、升温、变色、变味、突升、突降、井孔变形、泉源突然枯竭或涌出等。

三、气象异常

地震之前,气象也常常出现反常。气象异常的种类繁多,形式多变,主要包括震前风、霜、云、雨、雹、雪、声、光、电、气压、地温、气温、旱涝、日月光象等,是非常丰富的。

震前可能出现蓝白闪光、红绿光带、火球、片状光、带状光、柱状光、球状光等,其他如星殒如雨、灰尘遮天、怪风大作、雷电不止,气温闷热或严寒、黑雾、地裂气升,臭气难闻等现象,均十分普遍。这些异常现象一般在震前几秒钟、几分钟至几天多次出现。

四、地声异常

地声异常是指地震前来自地下的声音。当地震发生时,地下的纵波从震源向地面传播,空气随着振动而发出声音。由于纵波速度较大、势道弱,所以人们只能听到声音,却感觉不到大地在动。地声有的像炮声,有的如雷鸣,也有像重车行驶、大风鼓荡等,多种多样,不一而足。

五、地光异常

地光异常指地震前来自地下的光亮,其颜色千变万化。可见到日常生活中罕见的混合色,如银蓝色、白紫色等,但以红色与白色为主。地光形态各异,有带状、球状、柱状、弥漫状等。一般地光出现的范围较大,多在震前几小时到几分钟内出现,会持续几秒钟。

六、地气异常

地气异常指地震前来自地下的雾气,又叫地气雾或地雾。这种雾气,具有白、黑、黄等多种颜色,常在震前几天至几分钟内出现。地气异常还常伴随怪味,有时也伴有声响或带有高温。

七、地动异常

地动异常是指地震前地面出现的晃动。地震时地面剧烈振动，是众所周知的现象。但地震尚未发生之前，有时感到地面也晃动，这种晃动与地震时不同，摆动得十分缓慢，地震仪常记录不到，但很多人可以感觉得到。

最为显著的地动异常出现于 1975 年 2 月 4 日海城 7.3 级地震之前，从 1974 年 12 月下旬到 1975 年 1 月末，在丹东、宽甸、凤城、沈阳、岫岩等地出现过 17 次地动。

八、地鼓异常

地鼓异常指地震前地面上出现鼓包。1973 年 2 月 6 日，四川炉霍 7.9 级地震前约半年，甘孜县拖坝区一草坪上出现一地鼓，形状如倒扣的铁锅，高 20 厘米左右。地鼓四周断续出现裂缝，鼓起几天后消失，反复多次，直到发生地震。与地鼓类似的异常还有地裂缝、地陷等。

九、电磁异常

电磁异常指地震前家用电器如收音机、电视机、日光灯等出现的异常。最为常见的电磁异常是收音机失灵，在北方地区日光灯在震前自明也较为常见。

以唐山地震为例：1976 年 7 月 28 日唐山 7.8 级地震前几天，唐山及其邻区很多收音机失灵，声音忽大忽小，时有时无，调频不准，有时连续出现噪音。同样是唐山地震前，市内有人见到关闭的荧光灯夜间先发红后亮起来，北京有人睡前关闭了日光灯，但灯仍亮着不息。

电磁异常还包括一些机电设备工作不正常，如微波站异常、无线电厂受干扰、电子闹钟失灵等。

综上所述，地震发生前的宏观异常是非常多样且明显的。不过也应当注意区别，上面所列举的多种宏观现象不一定都是地震的预兆。例如：井水和泉水的涨落可能和降雨的多少有关，也可能受附近抽水、排水和施工的影响；井水的变色变味也可能因污染引起；动物的异常表现也可能与天气变化、疾病、发情、外界刺激等有关等。还要注意：不要把闪电误认为地光，不要把雷声误认为地声，不要把燃放烟花爆竹和信号弹当成地下冒的火球。

一旦发现异常的自然现象，不要轻易作出马上要发生地震的结论，更不要惊慌失措，而应当弄清异常现象出现的时间、地点和有关情况，保护好现场，向地震部门或其他相关部门报告，请专业人员调查核实，弄清事情真相。

第三节　怎样面对突如其来的地震

虽然有了地震预报，但多数情况下的地震是猝然发生的。这时，应根据不同情况镇静处理，千万不能被惊吓得失去分析能力。如果你是在平房内，应赶快撤离房屋。如果在楼房内，无法撤离时，千万不能跳楼，也不要乘电梯，可躲在卫生间或床下。

地震时的自我保护是个人在主体意识的支配下，为寻求生理与安全需要而作出的本能反应与瞬间抉择。地震心理学上有一个"12秒自救机会"，即地震发生后，若能镇定自若地在12秒内迅速躲避到安全处，就能给自己提供最后一次自救机会。否则，凶多吉少。

如何有效地处置每个人在地震时的心理行为和实施自我保护措施，最大限度地减少或避免地震造成的伤亡，是社会和每一个人极为关注的问题。

一、如果地震发生时，你在室内

1. 应该迅速远离外墙及门窗，躲在坚固家具的旁边

相对于其他家具而言，衣柜墙角边是比较安全的。当建筑物倒塌时，下落的屋顶因为物体或家具的支撑作用，会在靠近它们的地方留下一个空间。这个空间被称作"生命三角"。物体越大，越坚固，

它被挤压的余地就越小。而物体被挤压得越小,这个空间就越大,于是利用这个空间的人免于受伤的可能性也就越大。

平房在地震时安全系数比较高。在平房中遭遇地震,如果来不及跑出户外时,要迅速以低姿势躲在家具(如桌子、柜子)旁,同时注意保护要害部位。

2. 最好将门打开,确保出口

由于地震的晃动会造成门窗错位,打不开门,因而最好将门打开,确保出口。因为曾经发生有人被封闭在屋子里的事例。如果是在晚上发生地震,而你正在床上,你只需要简单地滚下床,在床边(或床底)倒卧好,因为在床的周围会形成一个安全的空间。如果可以,顺手拿起枕头保护好头部。

3. 不要惊慌失措往户外跑

地震发生后,慌慌张张地向外跑,碎玻璃、屋顶上的砖瓦、广告牌等掉下来砸在身上,是很危险的。比如,当大楼倒塌时,很多人在门口死亡了。这是怎么回事? 如果你站在门框下,当门框向前或向后倒下时,你会被头顶上的屋顶砸伤。如果门框向侧面倒下,你会被压在当中,所以,不管怎么样,惊慌失措地往户外跑,都会使你受到致命伤害。

4. 灭火

大地震时,也会有不能依赖消防车来灭火的情形。因此,我们每个人关火、灭火的这种努力,是能否将地震灾害控制在最低程度的重要因素。

如果你正在用火,应随手关掉煤气或电源,然后迅速躲避。

地震的时候,关火的机会有三次。第一次机会在大的晃动来临之前的小的晃动之时;第二次机会在大的晃动停息的时候;第三次机会在着火之后。

记住,即便发生失火的情形,在1—2分钟之内,还是可以扑灭的。为了能够迅速灭火,请将灭火器、消防水桶经常放置在离用火场所较近的地方。

二、如果地震时,你正在户外

1. 避开高大的建筑物

当大地剧烈摇晃、人站立不稳的时候,人们本能地都会有抓住什么或者靠着什么的心理。所以,身边的门柱、墙壁大多就会成为扶靠的对象。但是,这些看起来结实牢固的东西,实际上正是危险隐藏之地。

地震时在户外需要避开的高大建筑物如:楼房、高大烟囱、水塔,避开立交桥等一类结构复杂的构筑物;尽量靠近建筑物的外墙或离开建筑物。另外,靠近墙的外侧远比内侧要好。因为你越靠近建筑物的中心,你的逃生路径被阻挡的可能性就越大。

2. 离开车辆

避难时要徒步,携带物品应在最少限度。绝对不能利用汽车、自行车避难。即使开车时遇到地震,也要赶快离开车子。要知道,很多地震时在停车场丧命的人,都是在车内被活活压死,在两车之间的人,却毫发未伤。

如果在停车场遭遇地震,可以用卧姿躲在车旁,那样,即使掉落的天花板压在车上,也不致直接撞击人身,还可能形成一块"生存空间",增加存活机会。

3. 要保持镇静,就地择物躲藏

在公共场所时要保持镇静,就地择物躲藏,如选择小开间、坚固家具旁就地躲藏。伏而待定,然后听从指挥,有序撤离,切忌乱逃生。

4. 千万不要走楼梯

地震时,楼梯和建筑物摇晃的频率是不同的。它们分别晃动的后果就是楼梯和大楼的主体结构不断碰撞,直到楼梯发生构造问题。地震中人在楼梯上被台阶割断的例子太多了! 所以,就算楼梯没有倒塌,也一定要远离楼梯。

5. 注意山崩和海啸

在山边、陡峭的倾斜地段,很有可能发生山崩、悬崖落石及泥石流的情况,所以应迅速撤到安全的场所避难。

在海岸边,有遭遇海啸的危险。要注意随时收听收音机消息、收看电视新闻,以获取及时的地震或海啸警报信息,并迅速逃离到安全的场所。

根据日本资料统计,发生地震时被落下物砸死的人,远远超过被压死的人。可见,人在遭遇突发事件时,若能保持良好的心理状态,及时采取自救行为或逃离现场,将大大增加生存几率。

第四节　地震中的自救和互救

英国作家萨克雷说:"生活就是一面镜子,你笑,它也笑;你哭,它也哭。"此刻,地震就是一面镜子,面对突如其来的地震,我们一定要保持理智和清醒,做到正确判断,果断决策,随时随地保持强烈的求生欲望,自救且救人。

当一波地震停止的时候,只可自保的时间也已经过去。此时应检查周边的环境,首先是电力和燃气。如果嗅到燃气泄漏的味道,必须第一时间关闭燃气阀。地震后需要照明,一定不要使用明火,可使用手电筒等物。

如果无法走出房间,可以呼救,请周围的人给你帮助。打电话给亲人朋友的时候,请在最短时间内说明问题,防止网络阻塞,给别人留下机会就是给自己留下机会。

当然,能这么从容地报平安、收拾行李的都是幸运儿,运气不好的就会被埋在废墟里。地震发生时,若你被埋废墟下,应注意用手巾、衣服或衣袖等捂住口鼻。还应想方设法将手与脚挣脱开来,并利用双手和可以活动的其他部位清除压在身上的各种物体。在身边用砖块、木头等支撑住可能塌落的重物,尽可能地创造出一块"生存空间"。

无力脱险自救时,应尽量减少气力的消耗,保持体力,待外面有救援人员时方可采取呼叫、敲击物体等方法,引起救援人员注意及时抢救。最好只用敲打管道或者墙壁的方式来吸引救援人员的注意。如果身边有哨子,那就更好。大叫大喊只能作为最后的求助方法,因为大叫大喊需要耗费大量的体力。

在被埋压期间,还要想方设法在周围寻找水源、食物或代用食物,有时甚至包括自己的尿液等。此时,求生才是最重要的。

一、地震时的自救四大常识

1. 大地震时不要急

破坏性地震从人感觉振动到建筑物被破坏平均只有 12 秒。在这短短的时间内,你千万不要惊慌,应根据所处环境迅速作出保障安全的抉择。

如果住的是平房,那么你可以迅速跑到门外。如果住的是楼房,千万不要跳楼,应立即切断电闸,关掉煤气,暂避到洗手间等跨度小的地方,或是桌子、床铺等下面躲避,震后迅速撤离,以防强余震。

2. 人多先找藏身处

学校、商店、影剧院等人群聚集的场所如突遇地震,最忌慌乱,应立即躲在课桌、椅子或坚固物品下面,待地震过后再有序地撤离。教师等现场工作人员必须冷静地指挥学生和人群就地避震,决不可带头乱跑。

3. 远离危险区

如在街道上遇到地震,应用手护住头部,迅速远离楼房,到街心一带。如在郊外遇到地震,要注意远离山崖、陡坡、河岸及高压线等。正在行驶的汽车和火车要立即停车。

4. 被埋要保存体力

如果震后不幸被废墟埋压,要尽量保持冷静,设法自救。无法脱险时,要保存体力,尽力寻找水和食物,创造生存条件,耐心等待救援人员的到来。

二、险情发生时的互救

震灾发生时既要保持镇静的心理,更要发扬大无畏和救死扶伤

精神。首先要做的是检查周围有没有人员受伤,提供力所能及的帮助。然后自觉投入抢险救灾。震后救人的一般技术有这几点:

第一,救人时,应先确定伤员的头部位置,迅速清除伤员口鼻内的尘土,保证呼吸道通畅;暴露胸腹部,如窒息时应进行人工呼吸。翻挖到伤员时,不可再用利器刨挖。

第二,休克的伤员需平卧,尽量减少搬动。开放性伤口要快速清除伤口周围泥土,用敷料或其他洁净物品包扎、止血。地震造成开放伤口破伤风和气性坏疽发生率很高,应尽快送医院彻底清创,肌注破伤风抗毒素。

第三,脊椎骨折不容易在现场被发现。因此,搬动和转送时要格外注意。颈椎骨折搬动时要保持头部与身体轴线一致;胸腰椎骨折搬动时身体保持平直,防止脊髓损伤。途中要将伤员与平板之间用宽带妥善固定,尽量减少颠簸对骨髓造成的损伤。

第四,梁柱相互叠压时,要注意对上面重物的支撑。清除压埋阻挡时,要注意保护支撑物。起吊重物时,注意平稳轻吊,不要造成偏压或撞压,以免造成被救对象受伤。

第五,被埋压者脱离废墟时,不能生拉硬扯,应暴露全身,查明伤情,确定受伤类型。经过现场检查、包扎、消毒和急救后,选择适当的搬运方式,再送往震区医院详细检查治疗。

第六,被埋压人员无法救出时,要进行废墟下面空间的通风,定时向被埋压人员递送食品和饮用水,静等时机再进行抢救。在这种情况下,需要有人时常探望,并注意安全防护。

总之,地震时,每个人都应根据不同情况,审时度势,采取灵活的应急对策,最大限度地减轻灾害的破坏力。

地震时,由于时间短促,面临的选择范围极其狭小或根本无法选择。究竟应该采取何种紧急避险与安全防范措施,很难统一规定。为获得最大的生存机会,应依据周围的环境条件,抓住一切有利的时机,迅速作出判断,这也是地震时应急抉择的目的。要想做到这一点,必须在震时的瞬间保持清醒的意识,判明周围的情况,采取正确的避震行为。

多数情况下，人能做到临危不乱还是有生机的。通过对974例唐山地震中的幸存者抽样调查可以发现，其中258人在震时采取了正确的应急避险措施，共有188人获得成功，成功率占72.9%。这一事实说明，震时只要沉着冷静，判断准确，行动果断，方法得当，一般都能取得较好的避险效果。

第五节　地震后的生存要略

有句俗话是这样说的："大灾之后必有大疫。"地震也不例外。地震之后，由于动植物的尸体污染的空气和水源对人的危害，再加上生活设施的不足，很容易造成大范围的疫病发生。所以我们必须要在走出灾害的第一步开始，同时进行瘟疫和疾病的预防。

一、大灾之后最容易发生的疾病

1. 肠道传染疾病

肠道传染疾病主要是通过粪口传播的，如霍乱、痢疾、手足口病、甲肝等。

2. 呼吸道传染疾病

地震后，人员聚集程度高，流动性大，人和人之间相互接触频繁，所以非常容易导致麻疹、风疹和感冒等呼吸道感染疾病频发。

3. 急性出血性结膜炎（红眼病）

灾后，在缺水的情况下，往往几个人共用一盆洗脸水或共用一条毛巾等，这样非常容易引发红眼病。

4. 可能出现的乙脑疫情

每年6—8月，是部分地区乙脑疫情高发的阶段。如果此时出现地震，病原体通过蚊虫叮咬传播，会造成比较大的影响。此病影响人的中枢系统，致死率高，容易导致痴呆等后遗症，需高度关注。

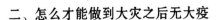

二、怎么才能做到大灾之后无大疫

1. 预防空气传播

空气传播是疫病最常见、也最难管理的传播方式之一。在灾区的居民外出应做到尽量戴口罩,尽可能不要在人群集中的地方长时间逗留。有条件的话,在住宿地方的周围 10 米内撒石灰或者氯氰菊酯、溴氰菊酯等药物,是有效预防空气传播的好办法。

2. 预防粪口传播

粪便是灾区一大污染源。为了预防粪口传播,我们应该做到:保证不要吃不干净的生食;喝的水一定要煮沸消毒;外出回来后先洗手;粪便集中管理。另外,要注意在距离水井 30 米范围内不要掩埋动植物尸体,不许设置厕所。

3. 注意饮水卫生

地震会损害供水系统,震后的供水除一般的细菌性和化学性污染之外,往往还存在着尸碱中毒的危险。灾区人民为了防止不卫生饮水带来的尸碱中毒,必须第一时间清除水源周围的尸体。如果有漂白粉,可以针对局部环境进行彻底的漂白粉消毒处理。另外,砂滤、炭末、明矾混凝过滤,也是去除水中的细菌、毒素和尸碱,保证饮水安全的有效方法。

4. 灭蚊蝇鼠虫

地震后,大量的建筑物倒塌,瓦砾堆缝隙下极有利于蚊蝇滋生,而且又是喷药消毒的盲区。在较高气温条件下,很容易为中毒与传染病的传播创造条件。因此,灾区的垃圾必须及时清除。灭蚊蝇鼠虫时,不仅要将化学药剂喷涂在瓦砾的表层,还必须仔细地深入到瓦砾的缝隙中。

5. 预防食源性疾病

受灾的地方,食物匮乏是一大难题。为了防止病从口入,灾区人民一定要切记,不可饥不择食,以免带来不必要的麻烦。归总一下,灾区不能吃的食品包括:

（1）被水浸泡过的各种食品中，除了密封完好的罐头类食品外都不能食用；

（2）没有生产日期和明确食品标志的食品；

（3）已死亡的动物，包括禽、畜和各类水产品；

（4）在地下经过挤压后已腐烂的蔬菜、水果；

（5）发霉率超过 30% 的大米、小麦、玉米等谷物；

（6）加工后在常温下放置超过 4 小时的熟食。

讲究卫生，养成良好的卫生习惯，疾病和瘟疫就会远离我们。地震灾区的每一位公民，都应力求保持乐观向上的情绪，注意身体健康。要根据气候的变化随时增减衣服，注意防寒保暖，预防感冒、气管炎、流行性感冒等呼吸道传染病，特别是老人和儿童。只要我们注意防疫工作，绝对可以做到大灾之后无大疫。

请朋友们互相转告，在灾情过后建设家园的同时，也保护好我们的生命！

地震十大应急原则

1. 躲在桌子等坚固家具的边上。

2. 摇晃时立即关火，失火时立即灭火。

3. 不要慌张地向户外跑。

4. 将门打开，确保出口。

5. 保护好头部，避开危险之处。

6. 公共场合依工作人员的指示行动。

7. 离开汽车，管制区域禁止行驶。

8. 注意山崩、断崖落石或海啸。

9. 徒步避难，携带物品最少限度。

10. 不要听信谣言，切勿轻举妄动。

第 9 章

泥石流

第一节 多了解点泥石流没坏处

2010 年,我国多处发生泥石流。9 月 1 日晚,云南保山市发生泥石流。事故共造成 20 户 84 人被掩埋,确定死亡 16 人,失踪 32 人;8 月 8 日,甘肃舟曲发生特大泥石流灾害,千余人遇难;随后四川多地,云南贡山、保山也相继遭泥石流袭击。

泥石流是一种灾害性的地质现象。它爆发突然,来势凶猛,高速前进并携带巨大的石块,具有强大的能量,破坏性极大。如明代以前,云南省东川市大桥河一带是物产丰饶、人烟稠密的地方,如今却是沙砾遍地的荒滩,其罪魁祸首就是泥石流。

泥石流的主要危害是冲毁城镇、矿山、乡村,造成人畜伤亡,破坏房屋及其他工程设施,破坏农作物、林木及耕地。此外,泥石流有时也会淤塞河道,阻断航运,还可能引起水灾。

要预防、应对泥石流,首先要了解泥石流的一些基本常识。

一、泥石流及其成因

泥石流这种地质作用介于流水与滑坡之间,它是一种包含大量泥沙石块的固液混合流体,常发生于山区小流域。简单地说,当大量水体在适当的地形条件下,浸透山坡或沟床中的泥、沙、石头等固体堆积物质,并在自身重力作用下发生运动,就形成了泥石流。

泥石流流动的全过程一般只有几个小时,短的只有几分钟。在爆发过程中常常伴随着山谷雷鸣、地面震动,并有浓烟腾空、巨石翻滚等现象。人们可以看到浑浊的泥石流沿着陡峭的山涧峡谷冲出山外,堆积在山口。

泥石流的形成,和自然因素、地质构造以及降雨都有密切的关系。在地势陡峭、泥沙和石块等堆积物较多的沟谷,每当碰上暴雨或长时间的连续降雨,就容易形成泥石流。

泥石流大多伴随山区洪水而发生。它与一般洪水的区别是洪流中含有足够数量的泥、沙、石等固体碎屑物,其体积含量最少为15%,最高可达80%左右,因此比洪水更具有破坏力。

泥石流的形成条件

泥石流成因	具体内容
地形条件	山高沟深,地势陡峻,沟床纵坡大,流域的形状便于水流的汇集
	上游地形开阔,周围山高坡陡,山体破碎,植被生长不良
	中游地形为狭窄陡深的峡谷,谷床纵坡大,泥石流可以迅猛直泻
	下游开阔平坦,碎屑物质有堆积的场所
地质条件	构造:地质构造复杂,地震烈度较高的地区
	岩性结构疏软易风化,或软硬相间成层易遭受破坏
水文条件	强度较大的暴雨
	冰川、积雪的强烈消融造成突然大量来水
	冲川湖、高山湖、水库等的突然溃决

泥石流的形成,必须有一定量的松散土、石参与。所以,沟谷两侧山体破碎、疏散物质数量较多,沟谷两边滑坡、垮塌现象明显,植被发育不全,水土流失严重、坡面侵蚀作用强烈的沟谷,非常容易发生泥石流。

泥石流的形成也有人为因素,主要是由于不合理的开发。比如,对山林的乱砍滥伐,使山坡失去植被保护;修建公路、铁路、水渠等工程时,破坏了山坡表层;恣意采石、开矿,破坏了地层结构,这些行为都会导致泥石流的发生。

泥石流形成的三个条件	陡峻的便于集水、集物的地形、地貌
	有丰富的泥、沙、岩石等松散物质
	短时间内有大量的水源

以舟曲泥石流为例,舟曲特大山洪泥石流灾害发生有四大成因:

1. 地质地貌原因

舟曲原本就属于地质灾害高发地区。该地区岩体风化严重,地质地貌非常容易松散破碎,形成地质灾害。

2. "5·12"地震震松了山体

2008 年汶川"5·12"特大地震也波及舟曲,强烈地震导致该地区山体松动、岩石破碎。专家称岩体稳定至少需要 3 到 5 年时间。

3. 气象原因

2010 年上半年,我国西南地区大旱,位于甘肃南部的舟曲亦发生干旱。干旱加大了岩石间、山体间的缝隙,使原本已十分松散的岩体、山体更加松散。

4. 突然的暴雨和强降雨

暴雨和强降雨对原本松散的山体、岩体形成浸泡和巨大冲击,是形成泥石流灾害的直接诱因。

二、泥石流的分类

影响泥石流强度的因素较多,如泥石流容量、流速、流量等,其中泥石流流量对泥石流成灾程度的影响最为主要。

第一,按物质成分分,可以分为泥流、水石流和泥石流。

泥流:以黏性土为主,含少量砂粒、石块,黏度大、呈稠泥状。

水石流:由水和大小不等的砂粒、石块组成。

泥石流:由大量黏性土和粒径不等的砂粒、石块组成。

第二,按物资状态分,可以分为黏性泥石流和稀性泥石流。

第三,按泥石流的成因分,有水川型泥石流和降雨型泥石流。

第四,按泥石流发展阶段分,有发展期泥石流、旺盛期泥石流和衰退期泥石流。

第五,按泥石流流域大小分,有小型泥石流、中型泥石流、大型泥石流和特大型泥石流。

小型泥石流:一次泥石流的固体物质总量小于 1×10^4 立方米。

中型泥石流:一次泥石流的固体物质总量为 $1 \times 10^4 - 10 \times 10^4$ 立方米。

大型泥石流:一次泥石流的固体物质总量为 $1 \times 10^4 - 50 \times 10^4$ 立方米。

特大型泥石流:一次泥石流的固体物质总量大于 50×10^4 立方米。

三、泥石流发生的规律

泥石流的发生具有两大规律:季节性和周期性。

因为泥石流的爆发主要是受连续降雨、暴雨,尤其是特大暴雨集中降雨的激发,所以具有明显的季节性。如四川、云南等西南地区的降雨多集中在 6—9 月,因此、西南地区的泥石流也就多发生于 6—9 月;而西北地区降雨多集中在 6—8 三个月,尤其是 7、8 两个月降雨集中,暴雨强度大,因此西北地区的泥石流多发生在 7、8 两个月。

泥石流的发生要受到暴雨、洪水、地震的影响,而暴雨、洪水、地震总是周期性地出现。因此,泥石流的发生和发展也具有一定的周期性,且其活动周期与暴雨、洪水、地震的活动周期大体相一致。以云南省东川地区为例。1966 年以来,是东川近十几年的强震期,这使东川泥石流的发生加剧。仅东川铁路在 1970—1981 年的 11 年中就发生泥石流灾害 250 余次。这就是泥石流的周期性。

第二节　面对泥石流怎么办

　　泥石流是一种难以准确预报的地质灾害,所以一旦遭遇,很容易造成较大的伤亡。不过,虽然许多泥石流是防不胜防的,但是,人们还是有办法在灾害面前尽量减少人员伤亡和财产损失。

一、了解泥石流的前兆

　　泥石流不同于一般的洪水,它是水与泥、砂、石块相混合的流动体,会在运动过程产生巨大动能,因此常有一些特有的现象:短暂的断流现象与巨大的轰鸣声。有时候,地面也会发出轻微的震动。在响声之前,流动的水体通常会突然出现片刻断流。随响声增大,泥石流似狼烟扑滚而来。所以,出现断流、响声等现象时,已经预告了泥石流的发生。

　　因此,我们可通过一些特有的现象来判断泥石流的发生:

　　一是看河(沟)床中正常流水突然断流或洪水突然增大并夹有较多的柴草、树木。

　　二是看山坡地面是否出现奇怪裂缝。

　　三是听是否有从深谷或沟内传来类似火车轰鸣声或闷雷式的声音。

　　四是感觉沟谷深处变得昏暗并伴有轻微的振动感。

　　五是看原本干燥的地方,突然出现渗水现象,或者蓄水池骤然大量漏水。

　　六是注意地下出现异常的响声,同时家禽、家畜的异常反应。

二、遭遇泥石流怎么办

　　泥石流不同于滑坡、山崩和地震,它的冲击力和搬运能力非常大。所以,遇到泥石流时,一定不要惊慌失措,以免作出错误选择,从一个危险区搬迁到另一个危险区。

第一，如果你处于泥石流区，切记不能沿沟向下或向上跑，而是要向两侧的山坡上跑，但注意不要在土质松软、土体不稳定的斜坡停留，以免斜坡失稳下滑，应该选择基底稳固又较为平缓的地方。

第二，迅速离开沟道、河谷地带。另外，不应上树躲避，因泥石流所到之处，大树一样会被连根拔起，所以上树逃生不可取。

第三，避开河(沟)道弯曲的凹岸或地方狭小高度又低的凸岸，因泥石流有很强的冲刷、刨刮与侧蚀能力及直进性，弯道超高、遇障爬高，所以这些地方很危险。

三、在野外如何防止遭遇泥石流

第一，下雨时，不要在沟谷中停留、行走或劳作。

第二，一旦听到连续不断雷鸣般的响声，应立即向两侧山坡上转移。

第三，在穿越沟谷时，应先观察，确定安全后方可穿越。

第四，去野外劳作前要了解、掌握当地的气象趋势及灾害预报。

对于预测是否发生泥石流，常采用多种措施相结合，这样比用单一措施更为有效。

四、如何面对地震引发的泥石流

地震触发和促进的作用，会造成泥石流的产生和形成。一方面，由于地震的触发产生泥石流；另一方面，地震对地表产生新的破坏，促使泥石流的形成。

一般的说，5级左右的地震就可以诱发泥石流，区域可达100多平方公里。8级以上的地震，诱发的泥石流的区域可达几万平方公里。在相同条件下，地震震级越大，诱发滑坡和泥石流的面积也越大。

这种由地震引起的泥石流属于地震引起的次生灾害，必须采取紧急措施，以免灾害扩大。切忌只顾避灾，而不采取可行措施抑制泥石流的进一步发展。

可以采用以下方式应急：

一是炸开泥石流堆积区主流道形成的堤坝，使流水畅通，以免堤坝溃塌，使下游遭到洪水的侵害。

二是同时做好上游地区的排除水源的工作，使泥石流不会发生进一步扩展。

第三节　泥石流的预报和预防

多年的实践经验告诉我们，防治泥石流灾害必须坚持"预防为主，整治为辅"的原则。在开展预报和预防工作时，要按照泥石流的类型和规模大小，因地制宜，采取植物措施与工程措施相结合的方法，进行有效防治。

一、泥石流的预报工作

泥石流的预报工作非常重要，这是防灾和减灾的必备步骤。目前我国对泥石流的预报常采取的主要方法是：在典型的泥石流沟进行定点观测研究，通过了解它形成与运动的规律来预报。

由于泥石流发生的主要因素是水，因此设置的监测项目主要是针对水的动态，通过全面掌握滑坡、泥石流开始形成时的临界点，以便科学地作出有效预报。

1. 建立泥石流技术档案

相关防治部门应建立泥石流技术档案，特别是大型泥石流沟的流域要素、形成条件、灾害情况及整治措施等，资料应逐个详细记录。记录中要明确划分泥石流的危险区、潜在危险区或进行泥石流灾害敏感度分区。有条件的地区还可开展相应的泥石流防灾警报器研究、室内泥石流模型实验等相关研究。

2. 编制泥石流灾害及预防图

先调查泥石流易发区域的基本情况,在掌握了泥石流的具体分布状况和发生规律后,再根据所发生泥石流的不同地点、类型、频率、规模等内容,编制泥石流灾害预防图。由于不同类型灾害的形成过程各不相同,所以在治理过程中也要分别采取相应措施。

3. 加强水文、气象的预报工作

为了更好、更及时地预报泥石流灾害,各泥石流多发省市要加强对小范围的局部暴雨的预报。因为暴雨是泥石流发生的最初源头和激发因素。比如,当月降雨量超过 350 毫米,日降雨量超过 150 毫米时,就应及时发出泥石流警报。

二、泥石流的预防工作

泥石流的预防工作可以分为长期治理和预防工程。长期治理是通过对坡面、沟道等地的整理和整治,从源头扼杀产生泥石流的可能性。预防工程是在灾害敏感区预先修筑相应的工程建筑,来减轻或防避泥石流的危害。

1. 长期治理

(1)坡面治理:坡面来水是导致泥石流发生的主要原因,治理泥石流对于整治坡面、防止径流下沟是很重要的。

具体做法是:在泥石流易发的沟道两侧山坡和沟头上部,采用植物措施增加土体抗滑力。另外,还需在坡面上设置排疏工程,将多余的径流排向安全处消除泥石流隐患。

泥石流沟的两侧坡耕地应集中连片修梯田,以改变地形和坡度,防止水土流失参与泥石流活动。

(2)沟道治理:沟道治理的主要作用在于防止沟头前进、沟床下切、沟岸扩张等容易产生泥石流的地质现象。

具体做法是:在沟头上部开挖截水槽,并营造沟底防冲林,可有效地防止沟头前进,减少固体物质含量,从而减少泥石流的发生。

(3)生物防治。以植物为手段,根据泥石流发生的不同类型特征和分布特点,营造一系列不同结构、不同组合、不同功能的植物群落,利用植被对地表进行的滞洪固土。不过生物防治周期长、见效慢,而且需要专人督护,所以需要和预防工程结合使用。

2. 预防工程

泥石流防治的工程是以排、拦、固为主体的建筑工程,它主要是在泥石流的形成、流通、堆积区内,相应采取蓄水、引水等措施,对泥石流进行拦挡、排导、引渡,以控制泥石流的发生和危害。

(1)跨越工程:在泥石流沟上方修建桥梁、涵洞,如果爆发泥石流,可以使泥石流在工程下面排泄,以避防灾害,减少损失。

(2)穿过工程:修建隧道、明洞或渡槽,从泥石流的下方通过,以便于让泥石流在经过工程上方时顺利排泄。一般选择地质条件较好的地方,以防止发生超量的沉降变形。

(3)防护工程:防护工程主要有护坡、挡墙、顺坝和丁坝等。这是一种对泥石流地区的桥梁、隧道、路基及泥石流集中的山区变迁型河流的沿河线路或其他主要工程的防护措施,用以抵御或消除泥石流对主体建筑物的冲刷、冲击、侧蚀和淤埋的危害。

(4)排导工程:是在山沟道内以及冲积扇上修筑的预防性建筑,包括导流堤、急流槽、束流堤等。它的作用是改善泥石流流势,增大沟道的排泄能力,使泥石流按设计意图顺利排泄。

(5)拦挡工程:常见的拦挡措施主要有拦渣坝、储淤场、拦挡工程、截洪工程等。其中拦渣坝是最常见且实用的工程。它是一种修建在泥石流沟上的横向拦挡建筑,其作用是控制泥石流的固体物质和洪水径流,削弱泥石流的流量和能量,以减少泥石流对下游建筑工程的冲刷、撞击和淤埋。

泥石流防治的工程措施通常适用于泥石流规模大,爆发不很频繁、松散固体物质补给及水动力条件相对集中的地区。主要用于要求防治标准高、见效快、一次性解决问题等重要保护对象。

第四节　泥石流过后，新的麻烦

泥石流一旦爆发，将摧毁农田、房舍，伤害人畜，毁坏森林、道路以及农业机械设施和水利水电设施等。当大雨来临，地面径流肆无忌惮地切割、冲蚀土壤，夹带着大量的泥沙滚滚而下，危害程度比单一的崩塌、滑坡和洪水更为广泛和严重。泥石流经过的地方，被覆盖上厚厚的非常难以清理的泥、水、石头和沙砾；泥石流冲击的房屋，大部分都会倒塌，没有倒塌的也岌岌可危；人和动物如果碰上泥石流，一旦被覆盖，绝大多数就会被深深地活埋。可以说，泥石流所到之处，给当地人民的生命和财产都造成巨大的危害。

泥石流和地震不同。地震后，有的人还能在废墟下坚持，等待救援，但是泥石流经过的废墟，将活活填埋在里面等待救援的人。

在救援过程中，由于泥石流冲击后会迅速板结，不论是抢救生命还是抢救物资，都有巨大的困难。

一、泥石流对人类的危害

1. 致使交通中断

泥石流可直接埋没车站、铁路、公路，摧毁路基、桥涵等设施，还可引起正在运行的火车、汽车倾覆，造成重大的人身伤亡事故。

2. 造成河道变迁

泥石流若汇入河道，引起河道大幅度变迁，会造成巨大的经济损失。如 1978 年 7 月石门沟爆发泥石流，白龙江改道，使长约两公里的路基变成了主河道，公路、护岸及渡槽全部被毁。

3. 淹没人畜，毁坏土地，造成村毁人亡的灾难

泥石流爆发突然，危害巨大。它淹没农田，摧毁房屋，吞没其他公共场所设施，夺取人、畜的生命。如 1969 年 8 月云南省南拱泥石流，毁坏了新章金、老章金两个村子，夺去 97 位村民的性命，直接经

济损失几百万元。

以舟曲泥石流为例。舟曲遭灾后,面临的几大困难是:

一是急需尽快处理堰塞湖、疏通河道。

二是急需尽快修复水源地,恢复县城供水系统。

三是急需尽快恢复电力、道路、通信等基础设施。

四是受灾区道路交通严重受阻。清淤工作量大面宽。

五是大量的淤泥清运和堆放也面临巨大的困难。

二、泥石流过后的卫生防疫工作

泥石流过后,在大力开展救灾工作的同时,对于灾区卫生防疫工作也不可忽视。可以从以下几个方面来加强卫生措施:

1. 环境卫生综合处理办法

(1)消除未受损住所外的污泥,垫上砂石或新土。

(2)修补禽畜圈,禁止在灾民集中居住场所内饲养畜禽。

(3)垃圾要尽量堆放在指定区域,做好居住环境的卫生清理,减少蚊蝇的滋生。

2. 注重临时性水源的卫生

泥石流会淹没流经地区的水井,即使洪水退后,直接饮用井水等地表水也不安全。因此,要先清理水井。

清理的步骤是:抽干井水→清除淤泥→冲洗井壁、井底→掏尽污水。待水井自然渗水到正常水位,进行消毒后再取用。

3. 饮用水的消毒措施

发现水源污染后,应立刻停止使用被污染的水,以免发生中毒现象。受灾群众应尽量将水烧开后饮用;对于盛放水的容器要保持清洁,经常倒空清洗。混浊度大的水,必须先加明矾澄清,然后用漂白粉精片等含氯消毒剂对水进行消毒。

4. 注意食物卫生

俗话说,病从口入。灾区往往也是疫病多发地区,所以对食物需特别注意卫生。食品不足时,应适量进食,来维持生命。若食物已短缺,应一边寻找山果等充饥,一边等待政府救援物资。

在制作食物时,生熟食品要分开制作和放置;制作食品要烧熟煮透;饭菜应现吃现做,做后尽快食用。无明确毒物污染且又未变质的受水浸的冷藏、腌藏、干藏的畜禽肉和鱼虾,可经清洗后及时食用。

5. 厕所卫生处理方法

在条件允许的情况下,灾区群众应尽量使用卫生厕所。兴建卫生厕所需要注意以下几点:

(1)厕所距离灾民安置点最近不少于10米。

(2)尽量远离临时水源,选择地势稍高的地方修建。

(3)建在主导风的下风向。

(4)不要选择松软的沙质土层。

在没有卫生厕所的区域,可将粪便收集起来,采用高温堆肥、厌氧发酵或脱水干燥的方式进行处理,在应急状态下可采用漂白粉或生石灰搅拌的方法进行粪便无害化处理。

6. 加强自我防护意识

灾区人民要注意个人卫生,饭前和便后要洗手,加工食品前要洗手。蚊虫是传播瘟疫的主要媒介,为避免蚊虫叮咬,可在帐篷内使用蚊香驱赶,帐篷外可点燃干燥的野艾以熏走蚊虫;夜间外出时应在身体裸露部位涂些驱避剂;不要长时间在野外环境坐、卧;尽量避免和猫、狗等动物接触。

第五节　灾后重建的近期和远期方案

我国是一个泥石流多发的国家,特别是西南和西北的山区。山区人民为了生存,往往在一些泥石流的宽浅谷地以及沟口外开垦农田,建造房屋。一旦雨季到来,发生泥石流,很容易冲毁周边的良田和建筑,给农民带来巨大的经济损失。特别是夹杂着沙、石和各种杂物的淤泥,给清理和重建工作都带来很大的麻烦。

一、灾后重建的基本思路

灾情发生后,农民朋友应当在省、州农业部门的支持和指导下,认真组织开展抢种补栽、农作物病虫害防治等恢复农业生产工作,以求最大限度地降低因灾情造成的农业生产损失,并确保大灾过后无大的农作物病虫害发生。具体可以从以下几个方面进行农业生产的补救和恢复工作。

第一,组织农机械参加抢险救灾,清理道路、村寨、沟渠、泥沙等覆盖物。组织大家自力更生,清理受灾农田田间排灌沟渠,清理田间杂物,修复机耕路,开展田间排水等灾后清理工作,为补种补栽做好基础准备。

第二,对能补种补栽的田地,要尽最大可能进行补种补栽。以水稻为例,一般情况下,淹没时间在一天以内的稻田,通过及时洗苗,及时防治纹枯病和基腐病,可以基本恢复正常生产;淹没 2—3 天且无淤泥覆盖的稻田,如果经过观察,确定虽然茎干枯或部分干枯,但基部已有新根长出,可以蓄水使其再生;淹没 3 天以上或淤泥在 10 厘米以上的稻田,应根据灾区具体情况,改种蔬菜或秋洋芋等成活快、周期短的其他作物。

第三,加强农作物病虫害防治,确保大灾过后无大的农作物病虫害发生。可选用一些合适的药剂喷施。

二、灾后重建应该把生态保护置于最高位置

泥石流是一种非常难以根治的灾难,所以,在灾后重建中,应该以生态保护为目标,防治结合,避强制弱,对沟谷的上、中、下游全面规划,将山、水、林、田综合治理;工程方案应中小结合,以小为主,因地制宜,就地取材。

以东川蒋家沟的灾后重建为例。

经过泥石流洗劫后的蒋家沟,到处都是大片暗色的凝固泥石流,寸草不生。但是不远处的白鹤滩库区东川野鸭塘却充满了生机。野

鸭塘原本是一个泥石流活动强烈、水土流失严重的地方。经过综合治理、总体规划,采取"集成优化小流域泥沙综合调控技术体系"和泥石流滑坡生态工程与岩土工程优化配置技术,制止了山区生态退化,有效地控制了泥石流的发展。

据相关资料统计,野鸭塘沟小流域的林草覆盖率已达到46.4%;水土流失治理面积达80%,水土流失程度由强度侵蚀变为中度侵蚀;新增农田 30 多公顷。更重要的是,在泥石流滩地综合开发利用过程中,将泥石流荒滩地改造成高产良田,亩产量相当于坡耕地产量的 5 倍,为退耕还林(草)山区改善生态环境提供了重要的后备耕地。

蒋家沟野鸭塘的农田综合治理具体方式主要有:通过整地措施、高含沙水灌溉措施、客土移植措施及土壤培肥措施等综合技术,对不同特点的各区域有选择地使用。

总之,灾后重建一定要与当地以及周边相关地区的生态屏障建设结合起来。应以主体功能区规划为依据实施产业结构和空间布局调整,集中发展、优化布局、重点推进、协调发展,创新生态经济发展方式。

除继续延长正在实施的退耕还林还草工程、天然林保护等生态工程外,还要加大植树造林和封山育林力度,让自然界休养生息,要科学造林并借鉴当地治理生态的传统经验,变堰塞湖为植树造林和恢复湿地的资源。

泥石流避灾口诀

1. 下暴雨,泥石流,危险之地是下游。

2. 逃离别顺沟底走,横向快爬上山头。

3. 野外宿营不选沟,进山一定看气候。

第三篇

生物灾害

第10章

种植业病虫害

第一节　主要农业病虫害识别

农作物病虫害是我国的主要农业灾害之一,它种类多、影响广、危害程度大。一旦爆发成灾,会给农业生产造成重大损失。

目前,我国农业病虫害主要发生在东北、黄淮海、长江中下游地区。东北主要作物是玉米,玉米最主要的虫害是玉米螟和玉米蚜,病害有玉米黑粉病、茎腐病、假黑粉病等。

黄淮海地区主要作物是棉花、夏玉米和小麦。这三大作物里面,棉花最主要的害虫是棉铃虫、盲椿象等;夏玉米主要的虫害是玉米螟;小麦的病害主要是锈病和白粉病。

长江中下游地区主要作物是水稻。水稻的病虫害主要有稻瘟病、稻飞虱、稻纹枯病、稻纵卷叶螟等。

那么,这些病虫害到底怎样识别呢? 我们为您一一介绍。

一、东北地区常见病虫害

1. 玉米黑粉病

该病危害玉米的茎、叶、雄穗、雌穗、腋芽等幼嫩组织,刺激它们肿大成瘤。病瘤未成熟时,外表呈白色或淡红色,以后变为灰白或灰黑色,最后外膜破裂,放出黑粉。

2. 玉米螟

玉米螟的卵数粒至数十粒组成卵块,初为乳白色,渐变为黄白色。孵化前,卵的一部分为黑褐色。玉米螟分为雄雌两种,雄蛾体背黄褐色,腹末较瘦尖,触角丝状,前翅黄褐色,后翅灰褐色;雌蛾形态与雄蛾相似,色较浅,前翅鲜黄,后翅淡黄褐色,腹部较肥胖。

3. 蝼蛄

蝼蛄头小,圆锥形,体狭长。前胸背板椭圆形,背面隆起如盾。前足为粗短结构,基节特短宽,腿节略弯,片状,胫节很短,三角形,具强端刺,便于开掘。

二、黄淮海地区常见病虫害

1. 小麦锈病

小麦的果实、茎、叶是锈病危害的主要部位。一般小麦锈菌会引起局部侵染,导致受害部位产生不同颜色的毛状物、杯状物或小疱点。严重的情况下小麦锈菌会使孢子堆密集成片,麦株因体内水分大量流失而迅速枯萎、死亡。

2. 棉花黑腐病

棉花的叶片是黑腐病主要危害部位。先是棉花整个叶片的背面出现灰白色病斑,继而生成灰白色霉层,其表面也有部分黄变出现。不久之后,棉花叶表面也生成了白色霉层。最后,棉花叶片干枯卷曲,导致果实生长不良。

3. 麦蚜

麦蚜主要是麦长管蚜、麦二叉蚜、玉米蚜三种。嫩头、茎秆、叶片、嫩穗是麦蚜吸食的主要部位。小麦上部叶片的正面是麦长管蚜主要为害区域,在小麦抽穗灌浆后,麦长管蚜迅速增殖,集中穗部为害;麦二叉蚜喜在作物苗期为害,被害部位为叶片背面,形成枯斑。植株下部及叶鞘中间是玉米蚜集中的主要区域,危害茎秆。

4. 吸浆虫

幼虫扁卵形,橘红、橙黄或姜黄色,吸麦粒中的汁,是农业害虫。

成虫身体小,颜色与幼虫相同,略像蚊子,触角细长,形状像一串珠子,有一对翅膀。

5. 棉铃虫

幼虫体色有绿、黄、淡红等,体表有褐色和灰色的尖刺;腹面有黑色或黑褐色小刺;成虫前翅青灰色、灰褐色或赤褐色,后翅灰白色,端区有一黑褐色宽带,其外缘有二相连的白斑。

6. 红铃虫

卵初产时乳白色,孵化前变为红色。幼虫头部和前胸硬皮板淡红褐色,体肉白色,三龄以后体背侧面出现许多红色斑块,整体呈橙红色。成虫灰白色。前翅尖叶形,暗褐色,后翅菜刀形,银灰色,有长缘毛。

除以上6种,黄淮海地区常见的还有玉米黑粉病、玉米螟、蝼蛄等病虫害。对此,我们已在东北地区常见病虫害中进行过讲述,这里不再重复。

三、长江中下游地区常见病虫害

1. 稻纹枯病

发生的时间为水稻的秧苗期至抽穗期,以抽穗前后最为严重。先是在靠近水面的叶鞘上出现暗绿色小斑点,后向植株上部扩展,并出现淡褐色或灰绿色纹状病斑。病斑中间为灰白色,边缘呈褐色,相互交合形成不规则的云纹。病部表面可形成由菌丝集结交织成的菌核。

2. 稻白叶枯病

病菌自稻苗根、茎的伤口或叶部的水孔侵入而致使水稻发病。叶枯型症状的表现为:先在叶片两侧出现不规则水渍状坏死斑,叶片边缘呈波纹状。后逐步向下扩展为黄白色,直至最后变为枯白色或灰白色。在感病品种上,病斑扩展非常迅速,下伸到叶鞘部位,在抗病品种上病斑短小不扩展,与健部交界处常出现黑褐色边纹。

3. 稻飞虱

常见的种类为白背飞虱、褐飞虱、灰飞虱。白背飞虱前胸、中胸背板中央呈黄白色。褐飞虱深色型头顶至前胸、中胸背板暗褐色,浅色型体黄褐色。灰飞虱头顶与前胸背板黄色,中胸背板雄虫黑色。

4. 斜纹夜蛾

总体特征为外缘暗褐色,后翅白色。卵呈半球形,数十至上百粒集成卵块,外面覆盖有黄白色的鳞毛。黄白色为卵初产时的颜色,紫黑色为卵孵化前的颜色。老熟幼虫在夏秋虫口密度大时,体瘦,呈黑褐或暗褐色;冬春数量少时,体肥,呈淡黄绿或淡灰绿色。

第二节　病虫害综合防治方法

农田生态系统是一个有机整体,应用任何单一的防治措施都不能从根本上解决农作物病虫害问题。尤其是单纯依靠化学防治的措施,往往只能收到短暂的效果,长期使用会造成环境污染,导致整个农业生态系统受到破坏,虫害一旦适应必将引起病虫害的再次猖獗。因此,农作物病虫害的防治必须坚持"预防为主,综合防治"的植保工作方针。

综合防治,就是从农田生态系统的总体观念出发,综合运用农业防治法、生物防治法、物理机械防治法和化学防治法,对农作物病虫害进行协调治理,以达到高产、优质、低成本、少公害的目的。

一、农业防治法

1. 选用抗病品种

有针对性地对种子消毒,对土壤进行处理。

2. 实行轮作与间作,建立合理的栽培制度

连作是引发和加重病虫害的一个重要原因,而轮作能对多种病害和食性专一的害虫起到恶化其营养条件的作用,从而有效地防止

这些病虫害的蔓延扩散。比如叶菜类与茄果类轮作、经济作物与粮食作物轮作、茄果类与瓜菜类轮作等,都可明显减轻病虫害的危害。

3. 科学施肥灌水

注意平衡施肥,腐熟的有机肥是农田的良好肥料,在施用有机肥的同时,合理搭配磷肥、钾肥或氮肥,能有效提高农作物的抗病虫害能力。对农田灌水时要看苗、看地、看天,进行合理的灌溉。要注意避免大水漫灌田地,因为这样会使田间湿度过大而引发病害。

4. 加强田间管理

要注意及时清除田间的杂草、落叶,及时摘除病虫枝叶、果实或病株,并带出田外集中深埋或烧毁,减少浸染源。

二、生物防治法

1. 以虫治虫

可利用寄生性天敌丽蚜小蜂防治温室白粉虱、用赤眼蜂防治菜青虫、棉铃虫;用捕食性天敌瓢甲可有效控制蚜虫;利用草蛉取食蚜虫、蓟马、棉铃虫卵、玉米螟卵等。

2. 以菌治虫、防病

可利用阿维菌素、浏阳霉素等抗生素防治小菜蛾、菜青虫、斑潜蝇等害虫;利用苏云金杆菌等细菌制剂防治害虫;利用农用链霉素、新植霉素等农用抗生素防治多种作物的软腐病、角斑病等细菌性病害。

3. 利用植物源农药

可利用辣椒、大蒜、洋葱等作物浸出液,兑水喷雾防治蚜虫、红蜘蛛等害虫。

4. 良好的栽培制度是保护利用天敌的基础

北方地区可实行棉麦套作,小麦成熟时,麦蚜数量减少,而棉花正值苗期,棉蚜数量不断增加,为麦蚜的天敌提供了食物。麦蚜的天敌大量进入棉田取食棉蚜,有效地抑制了棉蚜的数量,从而保护了棉花。

三、物理机械防治

1. 晒种、温汤浸种

利用晒种、温汤浸种等高温处理种子,杀灭或减少种传病害。

2. 利用害虫对某些物质的趋性进行诱杀

如利用害虫对白炽灯、高压汞灯、频振式杀虫灯等灯光的趋性,诱杀害虫的成虫。用杨树枝诱杀棉铃虫,用糖、酒、醋毒液防治夜蛾类害虫;用黄板诱杀白粉虱、斑潜蝇等。

3. 利用太阳能

如在温室中采用高温闷棚,可控制番茄叶霜病、黄瓜霜霉病等病情。

4. 人为的设置各种障碍物,防止有害生物为害

如果树采取果实套袋的方法,可防止多种害虫为害果实;树干上涂胶,可防止下部害虫上树为害;树干刷白,既可防止冻害,又能阻止天牛产卵;蔬菜基地利用防虫网,能防止多种害虫的侵入。

四、化学防治

1. 注意农药的合理轮换使用

要注意化学药剂的合理使用,避免对天敌造成损害,对人畜构成威胁。在使用农药过程中,应避免长期单一使用一种农药,这样会造成药效的下降。要做到几种农药的交替轮换使用,或合理混配,从而延长使用时间,提高防治效果。同一农药品种每代只用 1 次,全年不得超过 3 次。

2. 要对准病虫的主要为害部位喷药

各种害虫对栖息和为害作物的部位都有一定的选择性。如棉花苗期的蚜虫、棉红蜘蛛大都集中在叶片的背面取食,喷药的重点部位在叶子背面。掌握这些特点,对准害虫主要为害部位喷药,能有效地提高药剂防治效果。

3. 高温、高湿天气注意施药时间

7—8 月份的高温时段(11—14 时)喷药,喷出的药液极易挥发,容易损失药效,且施药人员不可避免地吸入大量的农药气体,容易引发中毒事件。因此,最佳的施药时间为晴天下午 4 时至天黑前,这段时间植物的叶片吸水力最强,尤其是对有内吸作用的农药,提高防效显著;同时,气温低,药剂降解慢,挥发量小,对施药人员较安全,对一些喜在夜间取食的害虫提高防效明显。

第三节　水稻主要病虫害的防治和综合治理

水稻病虫害种类很多,主要病害有稻瘟病、稻纹枯病、稻白枯病等;主要虫害有稻飞虱、稻纵卷叶螟、稻蓟马等。这些病虫害是水稻高产稳产的主要障碍。我们要保证水稻的优质高产,必须学会防治这些病虫害。特别要注意的是加强对水稻的综合治理,有利于水稻的良好生长。

一、水稻病害及其防治方法

1. 稻瘟病

最常见的稻瘟病包括两种:叶瘟和穗颈瘟。这两种病害一旦发生,会引起大幅度减产。

防治方法如下:

(1)选用抗病品种。选用适合本地区的抗病品种是防治病害的重要方法。要注意的事项是,一定要选用不同的品种搭配种植,因为如果大面积单一种植,抗病品种容易丧失其抗病性。

(2)浸种处理。可用 50% 多菌灵可湿性粉剂 250 倍液,或 70% 甲基托布津可湿性粉剂 500 倍液,将稻种在其中浸泡 48—72 小时,不需要淘洗即可催芽。

(3)穗颈瘟的最佳防治时期是水稻的孕穗期和齐穗期,可用

75%三环唑可湿性粉剂2000倍液,或40%稻瘟灵可湿性粉400倍液进行防治。以上两种药液中若加入2%春雷霉素水剂500—700倍液,防治效果会更好。用此种方法也可防治叶瘟,注意叶瘟要连防2—3次,效果才会更理想。穗瘟要着重在抽穗期进行保护,特别是在孕穗期(破肚期)和齐穗期,是防治适期。

2. 稻纹枯病

稻纹枯病一般在分蘖盛期开始发生。病状特征是:先在稻株基部靠近水面的叶鞘上出现暗绿色水浸状小斑点,随着病斑的增多,连成不规则云纹,后蔓延到上部的叶鞘和叶片上,直到剑叶甚至稻穗和谷粒上。稻纹枯病一般早稻重于晚稻,严重时可引起植株倒伏、干枯而死。

防治方法如下:

(1)施肥管理。施肥时要避免偏施氮肥,增施磷钾肥。

(2)药剂防治。对于发病一般的田,掌握拔节期以后和抽穗期以前,当病丛率达20%时施药防治;发病早而灾情重的田,掌握在分蘖末期当病丛率达10%—15%时即施药防治。常用药剂为井冈霉素50单位溶液,即5万单位的商品加水1000倍液喷雾;也可用50%多菌灵可湿性粉剂,70%甲基托布津可湿性粉剂。

3. 稻白叶枯病

该病在禾苗受台风、大风刮伤后易发生,一般在9月中下旬流行。

防治方法如下:

(1)浸种处理。用80%402抗菌剂2000倍液,浸种48—72小时;用20%叶青双可湿性粉剂500—600倍液浸种24—48小时。

(2)药剂防治。对发病区域及周边未发区域,每亩用70%叶枯净100—150克,兑水50千克喷雾,3—5天后再喷一次,连喷三次,效果良好。

二、水稻虫害及其防治方法

1. 稻飞虱

稻飞虱是一种以刺吸水稻植株汁液为生的害虫。常见种类有褐飞虱、白背飞虱、灰飞虱。

防治方法主要以药剂防治为主,具体内容如下:

(1)前期预防使用 10% 醚菊酯悬浮剂(稻飞龙)。

(2)爆发时使用醚菊酯(稻飞龙)、马拉硫磷、毒死蜱,或用呋喃丹作根区施药。

2. 稻纵卷叶螟

稻纵卷叶螟的初孵幼虫多喜欢取食心叶,也有一些在叶鞘内为害,随着虫龄的增大,吐丝缀稻叶两边叶缘,藏身叶片内啃食叶肉,仅留表皮,形成白色条斑。致使水稻千粒重降低,造成减产。

防治方法如下:

采用化学防治。一般在 2 龄幼虫盛发期进行施药。每亩用 150 克、18% 杀虫双水剂,或 100 克、50% 杀螟松乳油,分别兑水 60 千克,在傍晚时进行喷雾,效果良好。

3. 稻蓟马

稻蓟马喜欢在幼嫩心叶上为害,常藏身于心叶或卷叶尖内。蓟马的严重为害期为秧苗期、分蘖期和幼穗分化期。

防治方法如下:

(1)集中播种。避免水稻早、中、晚混栽,以减少稻蓟马的繁殖机会。

(2)化学防治。依据稻蓟马的危害时期,在秧田秧苗四、五叶期用药一次,第二次在秧苗移栽前 2—3 天用药。

三、水稻病虫害综合治理

1. 选用抗病品种,培育无病壮秧

在水稻病虫害综合治理中,提倡选用抗病虫、丰产、优质品种。

种植水稻前要做好种子消毒工作,秧田施药也是必不可少的措施,以培育无病壮秧。

催芽前,要把好药物浸种关,可用强氯精、线菌清等药剂浸种,对预防稻瘟病、白叶枯病有一定效果。播种前按每平方米22.5克的标准基施呋喃丹,可有效防治秧苗期稻蓟马的危害,避免带虫下大田。在秧苗三叶一心期和移栽前7天喷施两遍川化018,对预防白叶枯病效果显著。

2. 保护利用天敌,加强水肥管理

保护利用自然天敌。选用高效、低毒农药,禁止使用高毒、高残留、大量杀伤自然天敌的农药。

在冬季枯水季节,要对稻田进行耕翻,以改善土壤结构,消除土壤中的有毒物质(基肥提倡多施有机肥。根据地力和产量,前中期适量施用氮肥每亩纯氮10千克左右,增施磷钾肥);灌水时要坚持以干为主、干干湿湿的方法,以利于水稻的生长。

3. 改进栽插方式,改善水稻生长环境

改进栽插方式能够恶化病虫害生存环境。可大力推广宽窄行、东西向或宽行窄株的栽植方式。这是一项不需要增加投入而防病效果显著的措施。

如果想更有效地防治纹枯病,可在此基础上,在移栽后10—15天内,每平方公里大田撒施0.35千克稻脚青拌土。

4. 采用正确的施药措施

病虫害发作的主要时期为孕穗破口期,这时病害主要为纹枯病、稻瘟病;虫害主要以稻飞虱、稻纵卷叶螟为主。水稻苗期主要病害是烂秧和稻瘟病;主要虫害是三化螟和稻蓟马。若要防治三化螟、稻纵卷叶螟和稻飞虱,每亩用锐颈特、杀虫单等和扑虱灵兑水喷雾防治,兑水50—60千克喷雾;防治纹枯病,使用井冈霉素、爱苗等;防治稻瘟病,使用三环唑或富士一号;防治细条病可用叶枯净或叶青双。

第四节 小麦主要病虫害的防治和综合治理

小麦病虫害种类繁多,病害主要有条锈病、白粉病、赤霉病等;虫害主要有吸浆虫、麦蚜、麦蜘蛛等。这些病虫害严重地影响小麦的健康成长,给农民朋友造成不必要的损失。那么,有没有好的方法来防治它们? 小麦整个生长时期的综合治理也非常重要,我们应如何做? 下面为农民朋友一一介绍。

一、小麦病害及其防治方法

1. 小麦锈病

小麦锈病有条锈病、秆锈病和叶锈病三种,在我国分布广、危害大,常造成严重损失。

防治方法如下:

(1)施肥。施足基肥,增施磷钾肥。

(2)药剂防治。当大田条锈病、叶锈病、秆锈病发生时,可用15%粉锈宁可湿性粉剂,每亩75克;或20%粉锈宁乳剂,每亩50毫升,兑水50—60千克喷雾。

2. 小麦白粉病

小麦白粉病可侵害小麦植株地上部各器官,以叶片为主,叶面呈白色霉斑状。

防治方法如下:

(1)40%灭菌丹可湿性粉剂800—1000倍液喷雾。

(2)50%乙基托布津可湿性粉剂1000倍液喷雾。

(3)1.003克/毫升的石硫合剂喷雾。

(4)50%福美锌可湿性粉剂300—500倍液喷雾。

(5)25%多菌灵可湿性粉剂500倍液喷雾。

以上药剂,每亩喷施100千克。

3. 赤霉病

赤霉病从幼苗到抽穗都会为害小麦,会引起小麦苗枯、穗腐、茎基腐。

防治方法如下:

采用药剂防治。防治重点是在小麦扬花期预防穗腐发生。在始花期喷洒 50% 多霉威可湿性粉剂 800—1000 倍液,或 50% 多菌灵可湿性粉剂 800 倍液,隔 5—7 天防治一次即可。在小麦生长的中后期,用 60% 防霉宝 70 克加磷酸二氢钾 150 克,防治赤霉病、麦蚜、黏虫等病虫害。

二、小麦虫害及其防治方法

1. 吸浆虫

小麦吸浆虫是一种毁灭性害虫。我国的小麦吸浆虫分为两种:红吸浆虫和黄吸浆虫。

防治方法如下:

(1)土壤处理。用浓度为 50% 辛硫磷乳油 200 毫升,兑水 5 千克,喷在 20—25 千克的细土上,拌匀制成毒土,边撒边耕,防治吸浆虫。

(2)药剂防治。应在吸浆虫的蛹期进行重点防治。因为蛹期是吸浆虫一生中最薄弱环节,虫体触药即死。应以 6% 的林丹粉剂、50% 的辛硫磷乳油进行防治。成虫期可用 5% 高效氯氰乳油,每亩兑水 30 毫升进行喷雾,隔 5 天喷一次,连喷 2—3 次,效果良好。

2. 麦蚜

麦蚜刺吸小麦汁液,从小麦苗期到乳熟期都可危害,会造成严重减产。

防治方法如下:

采用药剂防治。小麦抽穗至灌浆期是防治麦蚜的关键时期。可用 50% 辟蚜雾可湿性粉剂,每亩用量 10—12 克,兑水 15—30 千克喷雾,防效达 90% 以上,对天敌基本无害。

另外,农民朋友需注意的是,常用某一农药会使麦蚜对所用农药产生抗药性,因此用药时最好交替使用。在蚜虫发生初期,可用 3% 啶虫咪乳油,每亩 50 毫升进行防治;在蚜虫发生的中后期,可用 50% 抗蚜威可湿性粉剂 8—10 克进行防治。

3. 麦蜘蛛

常见的麦蜘蛛为麦长腿蜘蛛和麦圆蜘蛛。麦蜘蛛以吸取麦株汁液为生,被害小麦轻则植株矮小,穗少粒轻,重则整株干枯死亡。

防治方法如下:

(1)在田间用 3% 混灭威粉剂,或 1.5% 甲基 1605 粉,每亩 1.5—2 千克,进行喷施,效果良好。

(2)对虫害严重的麦田,可用 50% 马拉硫酸 2000 倍液,每亩 75 千克进行喷雾。

三、小麦病虫害综合治理

1. 选用抗病品种,科学处理种子

要针对当地主要病虫害的发生特点,选用综合抗性较好的品种。可选的品种有鲁麦 23、烟农 19、潍麦 8 号、济麦 20 等。

对种子进行科学处理。将麦种放入 50℃—55℃ 热水中搅拌,当水温降至 45℃ 时,浸泡 3 小时,取出后冷却、晾干,进行播种,可有效防治小麦赤霉病、颖枯病等;也可用粉锈宁进行拌种,这种杀菌剂对小麦多种病害有特效。

2. 套种套播,追肥浇水除杂草

积极推广麦菜套种、麦油套种、麦田种植油菜诱集带等种植方式,这些间作套种方式可显著减轻麦蚜等害虫危害。适期播种、增施有机肥、适期划锄、科学浇水。浇水可显著减轻麦蜘蛛的危害,适期划锄可铲除杂草,提高小麦抗病性。

3. 病虫害多发期施药治理

小麦返青拔节期和穗期是多种病虫集中发生的两个时期。

返青拔节期是纹枯病、根腐病、黄矮病、地下害虫等病虫害的危害盛期。防治地下害虫可用 50% 辛硫磷,每亩 40—50 毫升喷麦茎基部;防治纹枯病可用 5% 井冈霉素,每亩 150—200 毫升,兑水 75—100 千克喷麦茎基部防治,间隔 10—15 天再喷一次。

穗期则是麦蚜、白粉病、叶枯病等的集中发生期。麦蚜可用 10% 吡虫啉乳油,每亩 10—15 克喷雾防治,兼治灰飞虱;赤霉病、叶枯病和颖枯病可用 50% 多菌灵可湿性粉剂,每亩 75—100 克喷雾防治;白粉病、锈病可用 20% 粉锈宁乳油,每亩 50—75 毫升喷雾防治。

第五节　玉米主要病虫害的防治和综合治理

玉米的一生,会遭受各种病虫害的侵袭。危害玉米的病害主要有大小叶斑病、黑粉病、纹枯病等;虫害主要有地老虎、玉米螟、蝼蛄等。农民朋友要及时做好病虫害的防治工作,以最大限度地减少损失。另外,还要特别注意的是对玉米病虫害进行综合治理,以促进玉米健康生长。

一、玉米病害及其防治方法

1. 玉米大、小斑病

当前,玉米生产上的主要病害为玉米大、小斑病。大斑病一般在春玉米区发生,较为严重;小斑病多在夏玉米区发生,主要危害叶片。

防治方法如下:

(1)选用抗病品种。可选用中玉 5 号、丹玉 16 号、沈单 7 号等高抗品种预防大、小斑病。

(2)药剂防治。在大、小斑病发病初期,用 75% 百菌清可湿性粉剂 800 倍液进行喷洒,每隔 10 天喷洒一次,连续防治 2—3 次,效果明显。

2. 玉米黑粉病

玉米黑粉病主要危害玉米的腋芽、雌穗、雄穗、茎、叶等幼嫩组织。

防治方法如下：

(1)拌种防治。常发生黑粉病地块,可用15%的粉锈宁拌种,用药量为种子量的 0.4% 。

(2)农业防治。早春防治玉米螟等害虫,防止造成伤口;在病瘤破裂前割除深埋;注意防旱,防止旱涝不均;秋季收获后清除田间病残体并深翻土壤。实行 3 年轮作。

3. 纹枯病

玉米纹枯病危害玉米近地面几节的叶鞘和茎秆,引起茎基腐败,因此造成的损失严重。

防治方法如下：

(1)清除病原。发病初期摘除病叶,并用药剂涂抹叶鞘等发病部位。

(2)药剂防治。发病初期喷洒 1% 井冈霉素 0.5 千克兑水 200 千克,或50% 多菌灵可湿性粉剂 600 倍液,也可用 50% 农利灵或 50% 速克灵可湿性粉剂 1000—2000 倍液。喷药重点为玉米基部,保护叶鞘。

二、玉米虫害及其防治方法

1. 地老虎

地老虎是玉米苗期的害虫之一。常见的地老虎有小地老虎和黄地老虎,以小地老虎危害最为严重。

防治方法如下：

(1)在幼虫孵化后、入土前,发现玉米被害状要及时喷药,每亩用2.5% 敌百虫粉 2—2.5 千克。

(2)防治 3 龄后入土的幼虫,可用 50% 辛硫磷,每亩 0.2 千克,兑水 400—500 千克顺垄灌。

2. 玉米螟

它是玉米的主要虫害。春、夏、秋播玉米都会不同程度受害,尤以夏播玉米最重。

防治方法如下:

(1)抽雄前防治。在幼龄幼虫群集玉米心叶而未蛀入茎秆之前,采用1.5%的锌硫磷颗粒剂,直接丢放于喇叭口内,均可收到良好的防治效果。

(2)穗期防治。花丝蔫须后,剪掉花丝,用90%的敌百虫0.5千克、水150千克、黏土250千克配制成泥浆涂于剪口,效果良好;也可用80%的敌敌畏乳剂600—800倍液滴于雌穗顶部,效果佳。

3. 蝼蛄

蝼蛄危害已发芽或刚播种的玉米种子,咬食出土后的玉米幼苗根茎,造成缺苗断垄。

防治方法如下:

制毒谷、毒饵。用90%晶体敌百虫0.7千克,加水50升,拌50千克炒成糊香的饵料(豆饼、麦麸等)。每隔3—5米挖一个碗大的坑,放入一把毒饵后再用土覆上。每公顷用毒饵30—45千克,于傍晚撒在玉米田里。

三、玉米病虫害综合治理

1. 选用抗病品种,利用药剂拌种

优良抗病品种能有效减轻玉米苗病、叶斑病、黑粉病和蚜虫的危害。可选用的抗病品种有农大108、农单5、鲁原单14、邢抗2、郑单958等。

利用药剂拌种,能有效控制苗期病虫和地下害虫。拌种可用20毫升辛硫磷和20毫升多菌灵混配于0.5千克水中,拌玉米种5千克播种。

2. 分区轮作,合理施肥

实行与小麦、大麦及经济作物的轮作,可以防止土壤中玉米丝黑穗病、黑粉病等有害生物的发生蔓延。

施足基肥,多施腐熟农肥,切忌生烘上地,减少侵染来源;合理施用化肥,防止氮肥过多,因地制宜增施磷钾肥。

3. 病虫害的综合治理

播种期预防的病虫害主要有粗缩病、苗枯病和地下害虫等。防治玉米粗缩病,应在玉米出苗后,亩用 10% 吡虫啉 10 克进行喷雾防治。丝黑穗病和苗枯病可用 2% 立克秀,按种子量的 0.2% 拌种预防。地下害虫可用 40% 甲基异柳磷,按种子量的 0.2% 拌种防治。

苗期发生主要病虫害有二代粘虫、玉米螟等。防治玉米螟可用 3% 辛硫磷颗粒剂,每亩 250 克加细砂 5 千克施于心叶内。防治二代粘虫和玉米蓟马,可用 80% 敌敌畏乳剂 2000 倍液喷雾防治,可兼治玉米蚜和稀点雪灯蛾。

穗期预防的病虫害主要有玉米蚜、三代粘虫、锈病等。在玉米锈病初发期,可用 20% 粉锈宁乳油,每亩 75—100 毫升喷雾防治。玉米穗虫可用 90% 敌百虫 800 倍液滴灌果穗防治。玉米蚜可用 10% 吡虫啉,每亩 10—15 克,兑水 45 千克喷雾防治。三代粘虫可用 50% 辛硫磷 1000 倍液喷雾防治。

第六节　棉花主要病虫害的防治和综合治理

棉花病虫害有许多种,其中虫害主要有棉蚜、棉铃虫、红铃虫等;病害主要有枯萎病、红叶茎枯病、黑腐病等。农民朋友要及时做好病虫害的防治工作,以避免不必要的损失。特别要注意的是加强对病虫害的综合治理,以利于农作物的健康生长。

一、棉花病害及其防治方法

1. 枯萎病

枯萎病会导致棉花叶色发灰绿色,茎和根的内部导管呈黑褐色,植株矮化,最后青枯萎蔫而死。

防治方法如下:

(1)改良土壤。在施入有机肥氮、磷、钾的基础上,每亩增施 0.5 千克重茬剂或肥力宝 10 千克,然后耕翻,可以杀除大部分土中病菌,增强植株抗病能力。

(2)药剂防治。根据天气预报,在下雨前喷施一遍杀菌剂加营养调节剂,在下雨后再喷一次,以防止病情扩散。

杀菌剂可选用:农康乐 3000 倍液、安贝科 3000 倍液、多菌灵 500 倍液等;营养调节剂可选用:农喜 + 效素 500 倍液、六高精品二氢钾 500 倍液等,效果十分好。

(3)手术治疗。对已发病的植株,可在棉花基部茎秆上 5—6 厘米处用刀子剖开 2—3 厘米纵口,插入两段火柴梗,火柴梗必须用枯黄急救原液浸泡 4 小时以上。

2. 红叶茎枯病

它是棉花中后期的一种重要病害,由土壤中严重缺钾所引起。一般在初花期开始发病,盛花期至结铃期发生普遍且严重。

防治方法如下:

(1)补充钾肥。对于未施钾肥或土壤潜在性缺钾的棉田,要结合施花铃肥补施钾肥,每亩追施优质钾肥 10—15 千克。

(2)药剂治疗。对已发病的棉田,如果棉叶尚未枯萎、主茎仍能生长,可在叶面喷施 500 倍的农喜 + 效素 50 倍的精品二氢钾 + 600 倍的六合一增产素,或 500 倍的六高牌抗病增产王 + 600 倍精品二氢钾 + 0.1% 芸苔素内酯,以促其成长发育。

3. 黑腐病

黑腐病的发病特征是棉花根部表皮略有凸起,呈黑色,植株矮小且生长缓慢、叶片绵软,在高温下易死亡。

防治方法如下:

(1)排水透气。雨后及时排水、松土,以保护棉花根系。

(2)减少病害。在田地中施入石灰粉(每亩 15 千克)、硫酸亚铁

(每亩 10 千克)或肥力宝,都可减少此病害发生。

（3）药剂防治。若要有效防治黑腐病,可在其发病期用腐烂速康 20 克,加水 15 千克,对棉花根部进行灌溉,或喷洒在棉花叶面上。

二、棉花虫害及其防治方法

1. 棉蚜

棉蚜为世界性害虫,中国各棉区都有发生,是棉花苗期的重要害虫之一。

防治方法如下:

（1）药剂防治。用辛硫磷、氧化乐果喷雾进行防治。另外,还可用35%赛丹(硫丹)乳油,或20%灭多威各1500 倍液进行喷施,药效在 1—7 天后可达到90%。

（2）种子处理。通常情况下,每 100 千克干棉子需要用 1 千克浓度为75%的甲拌磷乳油浸种。随后再倒入 50 升(55℃—60℃)温水中,在水泥砌的池内进行拌种。药剂吸干后,铲出堆闷 24 小时,便可播种。

2. 棉铃虫

棉铃虫是棉花蕾铃期的大害虫。

防治方法如下:

（1）药剂防治。两种农药,5% 高效顺反式氯氰菊酯乳油、25%强杀净乳油,分别混用,用 800 倍、1000 倍、1500 倍液处理,杀虫效果良好。

（2）每喷雾器用量。用"邯科 140"5—10 毫升＋农喜 3 号 15—20 毫升,可在10—20 分钟快速杀死 5 龄以上大虫,且持效期达 15 天左右。

3. 红铃虫

它是棉花的主要害虫之一,也侵害木棉、秋葵、洋绿豆等植物。

防治方法如下:

（1）在成虫产卵盛期施药杀卵和初孵幼虫。药剂有：25%亚胺硫磷乳油1000倍液，5%来福灵乳油2000倍液，2.5%溴氰菊酯或10%氯氰菊酯乳油3000倍液，每亩用药50—75千克喷雾。

（2）常用药剂有溴氰菊酯、功夫菊酯、西维因等。

三、棉花病虫害综合治理

1. 选用抗病抗虫品种，进行种子处理

春棉可选用鑫秋1号、鲁棉研28、邯棉802、丰抗棉6号等品种；夏棉可选用中棉所58等品种；麦套棉可选用中棉所57、国欣3号、国欣6号等中早熟品种。

棉花在播前晒种2—3日，或选用种衣剂包衣的精加工棉种，或用40%多菌灵胶悬剂130倍液，浸种14小时，可有效防治地下虫和苗蚜。

2. 科学安排田间的作物布局

种植的单一化，容易引起部分病虫的猖獗危害。所以应实行棉花和粮食作物插花或条带种植。即上半年小麦与棉花、下半年棉花与玉米，形成条带种植。同时提倡小麦、棉花间作，绿豆、棉花间作，这样可大大减少棉蚜虫及棉铃虫的发生量。

3. 优化棉田生态，实行轮作

在冬季时，对棉田进行灌溉、耕土，可消灭80%以上的棉铃虫越冬蛹。防治棉花枯黄萎病、苗病等病害的有效措施，便是实行轮作。棉花与禾本科作物轮番种植，可达到非常好的效果。

4. 利用药剂防治病虫害

棉花生育前期要注意减轻枯黄萎病发生为害程度。对于带有感病品种的病田，应积极采取有效的措施进行防治。一是深挖三沟防渍；二是在对棉苗移栽时，用农药灌定根水，移栽后当日或次日用多菌灵加尿素灌根；三是对已发病棉株，追施碳铵，效果显著。

棉花进入花铃期，特别是八月份以后，棉田的害虫主要为红铃虫和棉铃虫,它们直接危害棉花的收获部分,若防治不当,会造成棉花严重减产。在入秋后雨水多的年份,要及时防治盲椿象,否则可能会造成棉花绝收。利用药剂防治这些病虫害是最好的方法,比如防治盲椿象可用 80% 锐劲特水分散粒剂,每亩用药量 2 克,兑水 30 千克均匀喷雾,对盲椿象的防效可以达到 95% 以上,特效期在 20—22 天。

第七节 其他农作物主要病虫害的防治和综合治理

农作物中,不仅包括水稻、玉米、棉花等粮食作物,还包括蔬菜作物、果树作物等不同种类。这些作物在生长过程中免不了要受到病虫害的危害,所以要加强防治措施,确保农作物高产增收。另外,还要加强病虫害的综合治理,以利于农作物的健康生长。

一、蔬菜作物病虫害及其防治方法

1. 猝倒病

猝倒病是蔬菜作物的重要病害之一,严重时可引起成片死苗。

防治方法如下:

(1)播前预防。播前苗床灌足底水,每平方米苗床喷用绿亨 1 号 3000 倍液 1—1.5 千克,然后撒上薄薄一层干土,将催好芽的种子撒播上,再用细土进行覆盖。

(2)药剂防治。发病前或发病初期用 72.2% 普力克水剂 400 倍液喷淋,每平方米喷淋药液 2—3 千克。发病时用铜铵制剂 400 倍液,效果也好。也可在病害刚出现时开始施药,间隔 7—10 天,一般防治 1—2 次。

药剂选用:75% 百菌清可湿性粉剂 600 倍液,或 70% 代森锰锌可湿性粉剂 500 倍液。为减少苗床湿度,应在上午喷药。

2. 立枯病

立枯病多发生在育苗的中、后期,主要危害幼苗茎基部或地下根部。

防治方法如下:

药剂防治:可在发病初期开始施药,施药间隔时间为 7—10 天,视病情连防 2—3 次。

药剂选用:20% 甲基立枯磷乳油 1200 倍液,进行喷雾。

3. 斜纹夜蛾

斜纹夜蛾是一种暴食性害虫,在我国各地均有发生。

防治方法如下:

采用药剂防治。用敌百虫、杀螟松、辛硫磷等农药,在幼虫进入暴食期前喷施蔬菜;在糖、醋、发酵物里添加毒药,诱使成虫舔食,将其杀死。

4. 菜蚜

菜蚜偏嗜芥菜及白菜型油菜。多在蔬菜的嫩梢嫩叶、叶背上为害。

防治方法如下:

采用药剂防治。注意选用烟雾剂喷施农药。喷雾可选用 50% 辟蚜雾 2000—3000 倍液,或 10% 氯氰菊酯乳油 2500—3000 倍液。

二、蔬菜病虫害综合治理

1. 选用抗病品种,采用嫁接技术

选用针对当地蔬菜的高抗病品种,以抵制病虫害的侵袭。如果温室瓜类蔬菜实行连作,容易使瓜类得枯萎病、疫病,茄果类得黄萎病、根腐病等病症,此时采用嫁接栽培能有效防治这些病害。比如黄瓜嫁接的适宜砧木是南瓜,因为南瓜的不同种对枯萎病均具有较强抗性。

2. 合理轮作,增施有机肥

选用轮作的方式,因为轮作能减少土壤中病原菌的数量。轮作的作物可以是蔬菜或其他作物。

采取科学的配方施肥措施,增施有机肥,保持土壤肥力。比如可以在土壤中施用稻草、猪粪、玉米秸秆等腐熟的有机肥料,以促进蔬菜健康生长。但一定不要在温室内长期大量使用动物粪肥,这样容易造成土壤酸化,不利于蔬菜生长。

依据各类蔬菜需肥规律及土壤供肥特点进行合理科学施肥,有效选择追肥、叶面喷肥种类,可以增强植株生长势和对病害的抵抗能力,减轻病害发生。

3. 生物防治

推广使用虫瘟一号防治斜纹夜蛾,秀田蛾克防治甜菜夜蛾,农用链霉素、农抗 961 防治软腐病。

三、果树作物病虫害及其防治方法

1. 桃小食心虫

桃小食心虫俗称"钻心虫",主要为害桃、梨、花红、山楂和酸枣等果树作物。

防治方法如下:

(1)树下防治。当出土幼虫达 5% 时,开始地面施药。常用药剂有:800 倍 48% "天剑 5 号"(毒死蜱)、200 倍 25% 辛硫磷微胶囊剂、200 倍 50% 地亚农乳剂等药液。在距树干 1 米范围内的地面上进行喷雾,要喷到地面完全湿透为止,然后浅锄,锄后要记得覆草或盖土,以延长药效。

(2)树上喷药。发现树上有少量幼虫和成虫时,及时用 2000 倍天达虫酰肼药液进行喷洒,每 10—15 天喷洒 1 次,连续喷 2—3 次,可杀灭害虫,对果树进行保护。

2. 桃树疮痂病

桃树疮痂病是桃树的主要病害之一。此病发作时,往往在桃子表面出现黑点,严重时甚至发生龟裂,影响桃子的商品价值。

防治方法如下:

（1）修理病树。在桃树发病初期，及时摘除病果，修剪病枝。

（2）药剂防治。从落花后半个月开始进行喷药保护，可用25%多菌灵可湿性粉剂300倍液，或80%炭疽福美800倍液，每隔15天喷1次，连喷3—4次。上述药剂要交替使用，以免果树产生抗药性。

3. 梨木虱

梨木虱是一种虫害，以刺吸梨的芽、叶、嫩枝梢汁液为生。

防治方法如下：

（1）在3月中旬越冬成虫出蛰盛期喷洒菊酯类药剂1500—2000倍液，控制出蛰成虫数量。

（2）在梨落花95%左右时，是防治梨木虱的最关键时期。可选用10%吡虫啉4000—6000倍液药剂。发生严重虫害的梨园，可在上述药剂及浓度下，加入助杀或消解灵1000倍液、有机硅等助剂，以提高药效。

四、果树病虫害综合治理

1. 农业防治

合理施肥，尤其是增施基肥，能促进果树生长，提高果树对病虫害的抵抗力。合理修剪，剪除病虫枝，能使壮树多结果，对病虫害防治也有一定的积极作用。及时清扫枯枝落叶和病果，能消灭诸如轮纹病、锈病、梨黑斑病、梨木虱、梨网蝽等病虫害。

2. 人工防治

刮树皮是消灭梨树病虫害的主要人工措施。可消灭梨小食心虫、花壮异蝽、梨轮纹病等病虫害，还可促进梨树生长。

还可通过果实套袋防治各种食心虫、卷叶蛾等害虫。套袋时期一般在生理落果后或最后一次疏果后进行。但还需注意以下三点：一是纸袋最好选用羊皮纸；二是视果实大小选定纸袋大小；三是用曲别针或细铁丝扎紧封口。

3. 生物防治

生物防治的主要工作是保护和利用自然天敌。常见的保护方法是,选用对天敌伤害较小的杀虫剂来防治害虫。利用天敌的方式主要是人工饲养,通常饲养的害虫天敌有松毛虫、赤眼蜂等。将松毛虫、赤眼蜂等人工饲养天敌有目的地释放在田间,能有效地抑制虫害的发生。

病虫害综合防治口诀

轮作倒茬如上粪,长势良好少生病。

嫁接育苗把根换,提高产量根病免。

多施农肥改土壤,平衡肥料增营养。

生长健壮增抗性,病害防治多省心。

瓜类茄科不混合,减少病原互传播。

整枝打叉讲科学,合理密植增光照。

夏季拉秧不撤膜,高温闷蒸把毒消。

第11章

养殖业病虫害

第一节　主要养殖业病虫害识别

养殖业是农业的重要组成部分。如果说种植业是农业生产的左膀,那么养殖业就是右臂。

与种植业相同,农民朋友能否识别并提前防范养殖业病虫侵害,将对收入产生直接的影响。因此,为了减小风险,农民朋友应对养殖业相关病虫害有一定的了解。

养殖业中病虫害怎样识别? 一般来说,可以将养殖业划分为家畜、家禽、水产和特殊动物养殖几个部分。下面我们便按以上分类,为农民朋友介绍一些简单实用的养殖业病虫害识别方法。

一、家畜类

1. 猪

(1)猪瘟。

一般情况下分为急性型和慢性型,不排除一些非典型的病症。

急性型猪瘟前期表现为病猪体温居高不下,排便、眼结膜和内侧皮肤可见异常,厌食并伴有抽搐、晃头等神经症。后期则主要表现为呼吸困难,常伴有肺炎等继发症状。超过一个月的称为慢性型猪瘟。病猪病象没有固定规律可循,不过基本表现为体温、排便、呼吸系统异常,并伴有严重的神经症。

（2）蓝耳病。

蓝耳病破坏生育以及呼吸系统，会导致呼吸道方面的问题，并影响母猪生育和仔猪成活率。

病猪均表现出不同程度的厌食、呼吸困难和体表异常（皮肤发紫、耳尖变蓝等）。除此之外，发病母猪还多表现出高热（体温达40℃以上），并出现繁殖障碍。仔猪神经性症状明显，如颤抖、麻痹等，病猪死亡率高（80% 以上）。

2. 犬

（1）狂犬病。

病犬首先出现严重的精神问题：发病初期情绪低落，表现为轻度行为异常；中期躁郁等极端情绪明显，并逐渐出现意识障碍。患病后期，病犬逐渐全身麻痹衰竭，肉眼可见严重的神经性症状。

（2）犬瘟热。

犬瘟热发病初期，厌食、高温等症状持续2—3 天即看似好转，所以易被误认为是普通感冒。

而随着第二次高烧不退，病犬呼吸道、肠胃等处发炎，令呼吸和饮食受到影响，身体和精神进一步衰竭。犬瘟热后期同狂犬病类似，也表现出晕厥、肌肉痉挛等严重的神经性症状。

二、家禽类

1. 鸡

（1）新城疫。

新城疫可分为急性型和慢性型，病症表现相类似：高热、厌食，呼吸系统（呼吸困难和咳嗽）和神经系统异常等。二者的主要区别在于，慢性型新城疫后期，病鸡会表现出较为严重的神经性问题，如麻痹、抽搐等。

（2）禽流感。

禽流感有一段时间的潜伏期且致死率较高，是危害性很大的禽类疾病。病鸡表现出的症状十分复杂。常见症状包括：厌食、高热

（可达43℃以上）、头部水肿、呼吸系统和消化系统异常。肉眼可见病鸡消瘦，有出血点和坏死斑。除此之外，病鸡的产蛋量大幅下降。

2. 鸭

（1）鸭瘟。

一般经过2—4天的潜伏期，病鸭会表现出高烧不退（高达43℃以上）、体力不支和口渴厌食等症状。肉眼可见病鸭消瘦，眼、鼻部位分泌物过多导致眼部充血溃疡、呼吸困难，排便异常，肛门红肿甚至外翻。

（2）鸭病毒性肝炎。

鸭病毒肝炎破坏神经系统，是急发高致死率的传染病，雏鸭（10日龄内）为主要发病群。病鸭主要表现为厌食、行动迟缓、嗜睡、背肌的强直性痉挛和平衡失调，也存在排便异常的情况。

三、水产类

1. 鱼

养鱼业在水产养殖中占有重要的位置。鱼在生长过程中常常会受到病虫害的侵袭，那么，渔民朋友该如何识别这些疾病？

（1）病毒性疾病——草鱼出血病。

病鱼可能出现的病症包括：厌食，肉眼可见鱼体发黑、鱼体明显部位充血，肌肉和内脏均有不同程度的充血、出血症状。

（2）细菌性疾病——烂尾病。

病鱼表现为厌食、游动迟缓、失去平衡感、肉眼可见鱼尾不同程度的发炎或溃烂。

（3）寄生虫性疾病——小瓜虫病。

病鱼体表的白点是小瓜虫病的最明显病症，随着病情加剧，白点扩散至鱼体全身。病鱼游动逐渐迟缓、鱼体逐渐消瘦、行动异常（摩擦碰撞固体物）、鱼皮溃烂脱落并伴有黏性分泌物。

（4）真菌性疾病——卵甲藻病。

病鱼初期症状与小瓜虫病相似，但在显微镜下可看出病原体不同。而我们若要用肉眼识别,则需仔细观察:卵甲藻病病鱼的体表不仅仅有白点,还有红色的血点——这与小瓜虫病是不同的。随着病情的恶化,病鱼将不再活动:一些浮在水面,另一些则聚集起来。

2. 鳖

(1)细菌性败血症。

病鳖行为异常:前期惧人但喜爬上岸,晚期病症有的表现为缓慢浮游于水面,有的表现为将身体埋入沙中并呈静止状态。病鳖口腔、咽、颈呈红色,甚至口、鼻渗出血水,同时体表整体呈黑色。

(2)腐皮病。

病鳖很少在短期内死亡,这是因为病鳖前期肿胀、溃疡、泛白等病象呈现在明显位置,易被肉眼识别,饲养者可及时给予治疗;而且腐皮病发病过程较为缓慢,一些病鳖甚至可以自愈。但一旦到达后期,溃疡扩散、表皮坏死,将导致病鳖肢体腐烂脱落。

四、特殊类

1. 獭兔

兔瘟:根据易发兔群和严重程度可分为急性型和慢性型。

急性型主要在 3 月龄以上兔群中爆发。除了毫无征兆突然死亡的情况,一般病兔表现为厌食饥渴、体温升高,可见身形消瘦、毛发无光泽。1—3 月龄的幼兔为慢性型主要感染群。慢性型病症虽然与急性型相似,但可恢复,幼兔死亡率较低。

2. 貂

水貂阿留申病:这是一种潜伏期较长(可达 9 个月)的传染病。

病貂口渴厌食、不愿行动,可见消瘦、毛发质量下降、排便异常(黑色煤焦油状)。严重时出现贫血、出血和溃疡,一些病貂会出现麻痹、平衡失调、痉挛等神经病症。

第二节　养殖业病虫害综合防治原理与方法

　　相信很多人对2003年爆发的禽流感记忆犹新。禽流感疫情来势突然且蔓延迅猛,在人们未做出应对时,已经对社会特别是鸡农造成了无法弥补的损失。禽流感的爆发为人们敲醒了警钟,养殖业病虫害的防治开始受到社会的广泛关注。

　　那么,如何才能防止类似灾难再次发生? 对农民来说,平日里应该注意各方面的卫生,加强预防,而一旦发现疫情要及时通报,采取隔离和相应的治疗措施。

一、预防

　　1. 卫生

　　(1)养殖场址选择。

　　在养殖场选址时,应注意地势、排水和光照问题。选择地势较高的砂土地面有助于保持空气干燥清新。适宜的光照可以起到良好的消毒作用,降低病虫害发生的几率。

　　(2)饮水卫生。

　　养殖场中的水质问题应该受到重视,因为饮水直接关系到饲养的成败。经常清洁水槽、水盒,并通过消毒保证饮水安全(应达城镇居民饮用水条件),可以有效预防病菌的滋生。

　　(3)饲料和饲料室卫生。

　　俗话说"病从口入",我们都知道食物质量与人的健康密不可分,这条常识对动物也是适用的。饲养经济型动物更要注意饲料的选择和饲料室卫生情况。选用适合优质的饲料、在饲料中添加营养剂或者常规药物添加剂,可以增强动物的抵抗力。饲料室要定期消毒,喂饲用具每次使用后都要彻底清洁。

　　(4)圈、笼舍卫生。

圈、笼舍出入口应设消毒槽(消毒药多为生石灰、经过稀释的苛性钠等)。空气消毒可以选用熏蒸消毒法(常用福尔马林和高锰酸钾配制消毒药)。此外,要勤打扫、多通风,保持圈、笼舍清洁干燥。

2. 免疫接种

免疫接种是预防控制动物病虫害的重要措施之一,可以有效提高饲养动物的免疫能力、切断病源并防止病情蔓延。不过在接种之前,相关人员要充分了解动物的健康状况、疫苗和器械的情况。一般来说免疫接种分为预防接种和紧急接种。

(1)预防接种。

为防止病虫害发生而有计划性地为动物进行免疫接种,这就是预防接种。预防接种通常利用各种生物制品使得动物产生免疫力(类毒素、疫苗等),这要求饲养人员全面掌握相关病虫害发生规律,提前采取预防措施。

(2)紧急接种。

顾名思义,紧急接种是指为了阻止已经发生的疫病蔓延,对尚未发病的动物进行接种。由于短时间内获得大量血清比较困难,现今仍多采用疫苗进行紧急接种。

二、治疗

提前预防可以大大降低病虫害发生的几率。但是不能因此放松警惕。病虫害一旦出现,我们也要能够迅速采取应急措施、缩小受灾范围、尽快消灭传染源,以将损失降至最低。

1. 隔离

养殖业涉及的动物数量大、范围广泛且各类疫病多发,处理不当会造成巨大的经济损失。我们需要掌握处理疫病的"早、快、严、小"原则(早发现、快报告、严执行、疫情最小化),作出快速准确的判断。当怀疑或者确信某种疫病已经发生,我们应立刻将受感染的动物隔离、焚烧或者深埋患病动物尸体,以控制切断传染源,最大限度地降低疫病的危害。

2. 药物治疗

对于养殖业病虫害,一些可以通过免疫接种防治,还有一些可以选用适合的药物进行预防和治疗。比如在治疗动物传染病方面,具有针对性作用的血清(如破伤风抗毒素血清)、抗生素、化学药物(如磺胺类药物、黄连素等)、抗病毒感染药物(如异喹啉、阿糖腺苷等)已经得到广泛使用。

需要注意的是,药物治疗并不是十全十美的,合理使用药物是获得理想治疗效果的前提。如破伤风抗毒素血清这种中高浓度免疫血清,虽然治疗效果明显,但是购买量受限制,很难大量购入,实用性较差;抗生素虽然疗效好且使用广泛,但是滥用反而会产生危害;抗病毒感染药物比较少且毒性较大。所以,我们要根据实际情况有选择地使用不同种类的药物。

第三节 畜类养殖主要疾病与防治

畜类疾病是指畜类的肌体受到各种外界因素影响,引起的身体机能代谢和形态变化。我们可以将畜类的疾病分为两大类。即非传播性疾病和传播性疾病。

一、非传播性疾病

非传播性疾病又称普通病,这里我们只挑选比较有代表性的两种疾病来进行介绍。

1. 急性瘤胃鼓气

此病症产生的原因是反刍类动物食入大量易产生气体的饲料后,气体不能及时排除,从而使胃壁急剧扩张的疾病。患病牲畜一般以牛最为常见。

(1)病症。

①腹部有明显扩大的迹象,左部最大,肷窝突出,腹壁紧张且富

有弹性,用力叩打时发鼓音。

②腹痛、急起急卧、滚转、哞叫、摇尾、回顾后腹或以肢踢腹。

③眼球突出,结膜发黑,呼吸困难,严重时张口伸舌呼吸。

④窒息死亡。

(2)防治方法。

①将胃管插入胃内,放出气体。

②在畜类左侧肷部三角窝中央部位,用套管针沿右侧肘头方向刺入胃内,逐渐将气体放出。

③制止产气。

具体操作办法是用胃管投入以下多种药物:2%—5% 的二甲基硅油、30— 40 毫升的松节油或者是 0.5—1 千克的植物油;100 毫升酒精加入 15—30 克鱼石脂。

2. 胃肠炎

在畜类胃肠表面,因为致病因素而产生肿胀、破溃、糜烂等症状,容易引起胃肠炎。

(1)病症。

①舌苔发黄,口腔干燥,腹痛,精神萎靡,体温升高,食欲减退,粪便恶臭且成水状。

②畜类的肠音也会经历从旺盛到沉衰的转变。

(2)防治方法。

①去除致病物。与引发该病的所有有害物质隔离,停止喂饲。

②杀灭细菌。杀菌时比较有效的药物有:庆大霉素、痢菌净、青霉素、链霉素、土霉素、双黄连等药物注射治疗。

③胃肠炎容易导致畜类肌体大量失水,所以,为了维持正常的新陈代谢,需要大量输入液体。我们可以使用以下药物:

0.9% 的生理盐水 + 维生素 C + 氯化钾 + 维生素 B_1 + 硫酸新霉素;

0.9% 的生理盐水 + 维生素 C + 青霉素;

0.5% 葡萄糖生理盐水 + 维生素 C + 青霉素。

二、传播性疾病

传播性疾病又称传染病,是指病原微生物进入畜类体内,并在一定部位进行生长、繁殖,从而引发畜类患病。较为常见的传染病有:疯牛病、结核病、口蹄疫、破伤风。

1. 疯牛病

疯牛病,即牛脑海绵状病,简称 BSE。

(1)病症。

患病的牛会出现中枢神经系统紊乱,行为反常,烦躁不安,对声音和触摸,特别是头部对触摸特别敏感,步态不稳,甚至摔倒。发病初期无上述症状,后期出现强直性痉挛,粪便坚硬,两耳对称性活动困难,心搏缓慢(平均 50 次/分),呼吸频率增快,体重下降,极度消瘦,以至死亡。

(2)防治方法。

疯牛病传播途径尚不明确。目前唯一的防治措施就是将被污染的肉和骨等进行焚烧,以切断原病毒的继续传播。

2. 结核病

结核病俗称"痨病",是由结核杆菌侵入动物或人体而引起的一种具有强烈传染性的慢性疾病。结核病主要包括肺结核、乳房结核、肠结核等。奶牛最易感染结核病,其次为水牛、黄牛、牦牛。

(1)病症。

①乳房结核:牛发病前期出现乳房淋巴结肿大现象,接着弥漫性或局限性硬结会发生在后方乳腺区,硬结表面粗糙,无热无痛。外部表现为乳汁变稀,分泌的乳量下降;严重时会产生乳腺萎缩,泌乳停止。

②肺结核:通常在清早症状最为明显,特征是长期的顽固性干咳。另外,患肺结核的畜类会逐渐消瘦,体力明显下降,严重的可以导致呼吸困难。

③肠结核:病牛身体消瘦,便秘与持续下痢交替出现,粪便常带

脓汁或血。

（2）防治方法。

①对于疑似为结核病的牛应当进行隔离，且定期进行复检。

②应用牛型结核分枝杆菌 PPD 皮内变态反应实验对该牛群进行反复监测，每次间隔 3 个月，发现阳性牛及时扑杀，并按照规范处理。

③养殖场及牛舍出入口处，应设置消毒池，内置有效消毒剂，如 3%—5% 来苏尔溶液或 20% 石灰乳等。

3. 口蹄疫

口蹄疫是一种传染性很强的疾病，主要在牛、羊、猪等动物中传播，以牛最易感。口蹄疫的发生和流行有明显的季节性，气候寒冷时容易流行。

（1）病症。

①口蹄疫发病后会导致动物高烧、生产能力大幅度下降、口腔内出现大量水疱。

②初期精神沉郁，体温升高，食欲减退或废绝，反刍缓慢或停止，不饮水，口大量流涎。唇部、口腔黏膜、舌部、齿跟及趾间等出现糜烂症状。水疱在发病初期只有豌豆或蚕豆大，然后融合增大成片状，1—2 天破溃后形成红色烂斑。

③许多病例还会出现高低不平、波浪式的条状水疱，用手抓取时，常大片脱落。

④少数病例会出现水疱发生在乳房、角基等部位上的症状。水疱和烂斑如果在趾间、蹄踵和蹄冠发生的话，有继发细菌感染的危险。

（2）防治方法。

①主要是采取兽医卫生和疫苗预防接种相结合的综合防治措施。应定期检疫，为加强抵抗力，可对阴性畜群进行疫苗接种。

②发现阳性和可疑反应的应及时隔离，尽快淘汰屠宰，对被污染的用具和场所进行彻底消毒。

4. 破伤风

破伤风是一种历史悠久、传染性较强的疫病。它是由破伤风杆菌侵入动物或人体的伤口,在伤口内生长繁殖并产生毒素进而引起的一种急性中毒性疾病。此类疾病多发生于猪、羊等家畜身上,牛较少见。

(1)病症。

①最初表现对刺激的反射兴奋性增高。

②中期体现为步态僵硬、咀嚼缓慢等症状,全身抽搐的症状。此时病畜有饮食欲,神志清醒,但应激性也增高,轻微刺激可使其惊恐不安、痉挛和大汗淋漓,末期常因循环系统衰竭而死亡。

(2)防治方法。

①注意定期为家畜洗澡,尽量避免动物发生外伤。出现较大而深的外伤时,应及时消毒。

②如要进行外科手术,须提前2—3周给动物皮下注射破伤风类毒素,成年动物用量为1毫升,幼龄动物用量为0.50毫升。

③治疗期间,将病畜与健康动物隔离开来并置于暗处,保持舍内清洁干净。冬季要做好保温措施,防止一切影响。

第四节 禽类养殖主要疾病与防治

目前,我国养禽业的发展非常迅速,但随之而来的就是一些禽类的传染性疾病的传播。这些疾病都有传播快、影响范围广的特点,给养殖者带来重大的经济损失。这一节我们就来为农民朋友介绍一下禽类的典型传染疾病与防治方法。

一、禽流感

禽流感又称"真性鸡瘟",它是由禽流感病毒 AIV 所引起的一种主要流行于禽类中的烈性传染病,感染禽类包括鸡、鸭、鹅等。它可以通过消化道、呼吸道、皮肤损伤和眼结膜等多种途径传播。禽流感的发病率和死亡率差异很大,取决于禽类的种别、毒株、年龄、环境和并发感染等,通常情况为高发病率和低死亡率。在高致病力病毒感染时,发病率和死亡率可达 100%。

1. 病症

生病的家禽表现为食欲不振,消瘦,精神沉郁;母禽的产蛋量下降乃至绝产,就巢性增强;严重者体现为呼吸道症状;头部和脸部水肿,以鸡冠、眼睑、耳垂等处水肿明显。这些症状中的任何一种都可能单独或以不同的组合出现。有时疾病爆发很迅速,在没有明显症状时就已发现家禽死亡。

2. 防治方法

因禽流感发病急、死亡率高,目前还没有有效的治疗方法。但是我们可以通过科学的手段做到监控和消毒,这样就能最大限度地降低疾病发生及传播的可能性。

(1)定期接受动物防疫监督机构的监测,注意保持禽舍清洁。所饲养的家禽如在禽流感受威胁区内,应及时注射有效的疫苗。一旦发现疑似高致病性禽流感疫情,须立即报告当地动物防疫部门,对疫点进行封锁隔离,防止疫情扩散。

(2)控制禽流感最有效的做法,是将疫点及其周围 3 公里的家禽全部扑杀。因为疫点周围半径 3 公里范围内的家禽最易受到感染。这种做法有利于控制病禽及其粪便、污水等污染源造成的病源传播。

(3)由于禽流感病毒不易在外界环境中存活,只要采取彻底消毒的方式,就能杀死环境中的病毒。常用的消毒剂有以下三类:

①醛类消毒剂有聚甲醛、甲醛等,最常用的是甲醛的熏蒸消毒。消毒时要注意,必须在密闭的圈舍中进行。每立方米 7—21 克高锰酸钾加入 14—42 毫升福尔马林进行熏蒸消毒。熏蒸消毒时,室温应在 15℃以上,相对湿度应为 60%—80%。

操作方法是:先在容器中加入高锰酸钾,再加入福尔马林溶液,密闭门窗 7 小时以上,然后敞开门窗通风换气,消除残余的气味。

②含氯消毒剂包括无机含氯和有机含氯消毒剂。这两种消毒剂含量越高,消毒能力越强。常用于食品厂、肉联厂设备和工作台面等物品的消毒。我们可用 5% 漂白粉溶液喷洒于动物圈舍、笼架、饲槽及车辆等,进行消毒。

③碱类制剂主要有氢氧化钠等,用于消毒被病毒污染的鸡舍地面、墙壁、运动场和污物等,也用于屠宰场、食品厂等地面以及运输车辆等物品的消毒。消毒用的氢氧化钠制剂大部分是含有 94% 氢氧化钠的粗制碱液,使用时常加热配成 1%—2% 的水溶液,喷洒 6—12 小时后用清水冲洗干净。

(4)目前,我国已经成功研制出预防 H5N1 高致病性禽流感的疫苗。非疫区的养殖场防止禽流感发生的最有效办法就是及时接种疫苗。

二、鸡新城疫

鸡新城疫是一种常发于鸡类中的败血性传染病,它是由鸡新城疫病毒引起的。这种病症的传染源为带病或带毒的鸡,主要通过消化道和呼吸道进行传染。

1. 病症

鸡新城疫的症状可以分为三种类型:最急性、急性、亚急性或慢性。

(1)最急性:此种病例较为少见,一般情况下都为突然发病且发现时家禽已经死亡。

(2)急性:病鸡大多垂头缩颈、眼睛半闭、精神萎靡,体温从 43℃ 升高到 44℃,经常伸头、甩鼻、打喷嚏,或出现翅、腿麻痹等一系列神经症状。病程不长,一般在 2—5 天左右。患病末期呈现体温下降的状态,最终会因昏迷而死。

(3)亚急性或慢性:此种病症多出现于成年鸡的身上。病鸡经常翅膀下垂、站立不稳,伏地转圈、连续啄食,或将头向一侧扭转,做圆周运动。此种类型的病程较长,一般为 10—20 天甚至 1—2 个月。

2. **防治方法**

(1)对于疫区的饲料、种鸡和种蛋等要坚决抵制,以防交叉感染。

(2)及时清扫粪便,更换饲料和饮水。出入鸡舍用福尔马林消毒,清扫及消毒工具也要在使用前后进行消毒。鸡场要每隔一月进行一次大型且彻底的消毒。

(3)对鸡群进行抽样采血,根据抽样的结果对疫苗的来源、效价、种类、使用方法、剂量等进行分析,制订一个适合本厂的免疫检测制度。

三、鸡痘

鸡痘的病原体是鸡痘病毒,它是一种急性接触性传染病。此种病症主要通过蚊虫叮咬或皮肤伤口接触进行传染。

1. **病症**

鸡痘的病症可分为白喉型、皮肤型、混合型、败血型四种类型。

(1)白喉型:主要发生在幼鸡身上,又可称为黏膜型。具体表现为:眼睑肿胀,角膜发炎,口腔黏膜增厚等。导致病鸡死亡的原因多是窒息。

(2)皮肤型:一般无全身症状,痘疹多生于头部皮肤之上。如将表皮撕去,可见黄白色块状物。这种类型的鸡痘会导致鸡的体重减轻,产量减少。

(3)混合型:这种类型的鸡痘是指在皮肤和口腔黏膜上都有痘疹或结痂性病变。

(4)败血型:这种类型一般很少发生,但发生时会出现全身的痘疹或结痂,有并发肺炎的可能。一旦并发肺炎,鸡就会迅速死亡。

2. **防治方法**

(1)做好卫生防疫工作,要对新引进的鸡采取隔离观察措施,时间须在 20 天以上。对于鸡舍里各种蚊虫要做到及时消灭。

（2）用50%的甘油盐水或生理盐水将鸡痘鹌鹑化弱毒冻干疫苗进行稀释，然后对病鸡进行注射。雏鸡的免疫期为3个月，成年鸡的免疫期一般为6个月。

（3）用消毒镊子把丘疹、假膜等剥离下来，然后在伤口上涂上抗生素或是碘酊等消炎类药物即可。

第五节　水产养殖主要疾病与防治

这一节开始，我们以鱼为例向农民朋友们介绍一下水产养殖业的主要疾病以及防治措施。鱼类的主要疾病可以分为以下几个大类：病毒性疾病、细菌性疾病、真菌性藻类疾病和寄生虫性疾病。

一、病毒性疾病

在这个类型的病症中，我们以草鱼出血病为例。

草鱼出血病是由草鱼出血病病毒引起的鱼病。这种病在1970年首次发现，此后相继在湖北、湖南、广东、广西、江苏、浙江、安徽、福建、四川等省的各主要养鱼区流行。

1. 病症

（1）鱼的口腔上下颌、头顶部、眼眶周围、鳃盖、鳃及鳍条基部都充血，有时眼球突出。若剥除鱼的皮肤，可见肌肉呈点状或块状充血、出血，严重时全身肌肉呈鲜红色，肠壁充血，但仍具韧性，肠内无食物，肠系膜及周围脂肪、鳔、胆囊、肝、脾、肾也有出血点或血丝。

（2）病鱼鱼体颜色呈黯黑状，在阳光或灯光透视下，可见皮下肌肉充血、出血。

2. 防治方法

（1）在鱼的发病季节向鱼池内泼洒二氧化氯、表面活性剂等消毒剂。

（2）池内使用黄芩或大黄抗病毒中草药，稀释比例为1—2.5毫克/升水体。

(3)每亩水深 1 米,用大黄 375 克、黄柏 225 克、金银花 75 克、菊花 75 克捣烂,再加食盐 150 克,将这些原料混合后加适量水泼洒于全池。

(4)每 100 千克鱼体重用水花生 10 千克,碾碎,拌食盐 500 克、大黄粉 1 千克、韭菜 2 千克或生大蒜 500 克,再拌米粉、麸皮或浮萍 10—20 千克做成药饵,连喂 7—10 天。

(5)每 100 千克鱼体重每天用水花生 8—10 千克、大蒜头和食盐各 500 克打成浆,拌入 3 千克米糠,连喂 5 天。

(6)浸泡或注射细胞弱毒疫苗草鱼出血病组织浆灭活疫苗进行预防。

二、细菌性疾病

在此类病症中,我们以烂尾病为例。

烂尾病是多发于淡水鱼中的一种细菌性疾病。鱼尾部被寄生虫等损伤或被擦伤后,会导致鱼体抵抗力下降。此时若是水质较污浊,水中病原菌又较多,烂尾病就容易大面积爆发。

1. 病症

病鱼食欲不振或停止摄入食物;鱼体失去平衡,游动缓慢;尾鳍及尾柄处出现发炎、充血等状况;严重时尾鳍烂掉,尾柄肌肉溃烂,甚至整个尾部烂掉,骨骼外露。在水温较低时,常继发水霉感染。

2. 防治方法

(1)按鱼的体重来计算用药量,每千克鱼加入 50 毫克的氟哌酸和 1 克的维生素 C 搅拌以后投喂。连用 3 天,第一天投喂时用量需加倍。

(2)为鱼洗浴。洗浴时需要在水中加入 4%—5% 的食用盐,这种方法对病鱼会有很好的预防和治疗效果。

(3)在全池内泼洒浓度为 0.5 毫克/升季胺碘盐或含氯消毒剂。

(4)选别或过池操作中一定要倍加注意,尽量避免鱼体受伤。

三、寄生虫性疾病

在此类疾病中比较具有代表性的是小瓜虫病。

小瓜虫病又称白点病,病原体为多子小瓜虫,这是一类体型比较大的纤毛虫。这种病多发于春秋季节,且在全国各地都有发生。

1. 病症

发病初期,鱼的胸、背、尾鳍和体表皮肤均有不同程度的白点状分布。此时病鱼照常觅食活动,几天后白点布满全身,鱼体常呈呆滞状,失去活动能力,浮于水面,游动迟钝,食欲减退,体质消瘦,皮肤伴有出血点,有时左右摆动,并在水族箱壁、水草、砂石旁侧身迅速游动蹭痒,游动逐渐失去平衡。病程一般持续 5—10 天。这种病传染速度非常快,如果治疗不及时,短时间内可造成大批的鱼死亡。

2. 防治方法

(1)可利用小瓜虫不耐高温的弱点,提高水温,再配以药物治疗,通常治愈率可达 90% 以上。若治疗及时,治愈率可达 100%。

(2)在全池内泼洒甲基蓝,每立方米泼洒 2—4 克,每隔 3—4 天泼洒一次,连续泼洒 3—4 次,如此即可将小瓜虫全部杀灭。

(3)每立方米使用 200—250 克的冰乙酸,将病鱼浸洗 15 分钟;或每立方米用大黄、野菊花干品各 1.5 克在全池之内泼洒。这两种方法连续使用三天,都可将小瓜虫杀灭。

四、真菌性、藻类疾病

针对此类病症,我们以卵甲藻病为例来进行介绍。

卵甲藻病又称打粉病、白鳞病,主要流行于江西、福建、广东、广西壮族自治区等省份。此类病症多发于养殖密度较大的池塘。

1. 病症

(1)发病初期鱼体背鳍、尾鳍及体表出现白点,这些白点会逐渐延伸至尾柄、头部和鳃内,且鱼体表面黏液会增多。很多人会把这种病症当成小瓜虫病,但如果仔细观察就能发现白点之间有红色血点。

在显微镜下观察,卵甲藻病和小瓜虫病有明显区别,因为小瓜虫会动,而卵甲藻不会动。

（2）发病中期,患卵甲藻病的病鱼呆浮水面,或在水中群集成团,身上白点连接成片,就像裹了一层白粉。

（3）发病后期,病鱼形体瘦弱,会大量死亡。

2. 防治方法

（1）定期向鱼池中泼洒有益的微生物,以保持水质的清洁;定期喂养营养全面的添加剂,能够提高鱼体的抗病能力。

（2）用生石灰 5—20ppm、硼砂 10—25ppm 全池遍洒,使池水的氢离子浓度调节在 100nmol/L 以内（即 pH 为 7 以上）,可使嗜酸卵甲藻脱落,然后再将病鱼转移到水质为碱性的缸或小池中饲养,病鱼很快痊愈。

（3）向全池内泼洒硫酸亚铁合剂和硫酸铜,硫酸亚铁合剂要按照 5∶2 的比例进行稀释,每立方米泼洒 0.7 克。

第六节　特殊养殖主要疾病与防治

近年来,特殊养殖业在我国农村逐渐盛行起来,它以良好的市场前景和可观的经济效益获得了广大农民朋友的欢迎。由于特殊养殖业养殖的都是一些珍稀动物,成本较高,所以就更要加强对它们的疾病防治。这一节我们就为农民朋友介绍一些典型特殊养殖动物以及它们身上的常见疾病。

一、獭兔的常见疾病与防治

獭兔易患的疾病种类繁多,其中以传染病和寄生虫病危害较大。

1. 传染病

比较具有代表性的传染病是巴氏杆菌病,它是由多杀性巴氏杆菌引起的常见于獭兔中的传染病。此类病症一年四季均有发生,在冷热交替和多雨的季节发病率较高。

（1）病症。

巴氏杆菌的具体症状为全身败血症、传染性鼻炎、地方性肺炎以及脓肿。

①全身败血症：患病獭兔食欲不振或拒食，精神萎靡，体温升高，鼻流浆性或脓性分泌物，症状出现后 12—48 小时死亡。

②传染性鼻炎：病兔常用爪擦鼻，使鼻口周围被毛潮湿蓬乱，间或咳嗽、喷嚏，以后鼻流加浓成黏性或脓性分泌物，上唇及鼻孔周围皮肤红肿、发炎、结痂。

③脓肿：常见于全身各处皮下、肌肉或内脏。脓肿内含有白色或黄褐色奶油状脓汁，形成一个纤维素包囊。严重时头颈向一侧滚转，或运动失调。母兔常引起化脓性子宫炎或乳房炎，公兔呈现睾丸炎，一侧或两侧睾丸肿大，质地坚硬。

（2）防治方法。

此病只需预防接种兔巴氏杆菌苗，就能有效防治。发病后，可按每只兔用链霉素 0.5 克加 40 万单位青霉素肌注，每天 2 次，连续 5 天，效果较好。也可用 10% 磺胺嘧啶 2 毫升肌注，还可按每只兔用土霉素 0.25 克，拌饲料中喂，每天 2 次，均有显著效果。

2. 寄生虫病

寄生虫是广泛分布于自然界中的一类低级动物，它能够吸取獭兔体内的营养，可因机械损伤和带入病菌引起继发感染。常见的寄生虫病有：球虫病、弓形体病、肝片吸虫病、疥癣等。我们以球虫病为例来进行介绍。

球虫病的流行季节多为温暖、潮湿、多雨季节，北方一般在 7—8 月，南方在 5—7 月。

（1）病症。

球虫病的基本症状可以分为肠型、肝型、混合型三种。

①肠型：多呈急性经过，病兔常突然倒地或突然死亡，腹部胀大，肠管隆起，发病初期和后期均有腹泻症状，排泄物为混有黏液和血液

的水泻。

②肝型:常呈慢性经过,病初症状不明显,后期可见腹泻、便秘以及黏膜黄染,交替出现,肝区触痛,肝脏肿大。幼兔多伴有四肢痉挛、麻痹等症状。

③混合型:具有肠型和肝型两种症状表现,老兔场发生较多。病兔尿液色黄而混浊,消瘦、贫血,腹泻与便秘交替发生。

(2)防治方法。

球虫病一旦严重发病,治疗极为困难,且梅雨季节会增加獭兔的死亡率。所以,此类疾病的防治重点在于预防。

具体预防措施是:一定要做好清洁卫生工作,每天清扫兔笼,防止獭兔粪便污染饮水和饲料;对兔笼应定期消毒,产箱、饲槽、饮水器可定期清洗后于日光下暴晒,以杀灭卵囊;幼兔、青年兔与成年兔应分笼饲养。

二、水貂的常见疾病与防治

水貂传染性疾病,对水貂群危害极大。病原体可以通过接触或间接地传染给其他水貂,引起其他水貂患同样症状的疾病。常见的疾病有以下几种:

1. 水貂阿留申病

水貂阿留申病,是由病毒引起的一种慢性传染病,表现为肾小球性肾炎,全身淋巴细胞增殖,血清中丙种球蛋白增高等。不同年龄、性别的水貂均可感染本病,一般在秋、冬以后发病率和死亡率会明显升高。本病感染率达 15%—50%,是为害水貂最严重的传染病之一。

(1)病症。

病貂初期表现为食欲不佳、爱喝水、眼窝下陷、身体消瘦、活动减少、被毛无光泽。后期极度衰弱,贫血,可视弦膜苍白,口腔和鼻腔出血。

此病症有一定的潜伏期,时间为 60—90 天,最长的达 7—9

个月。病貂排便呈沥青状、黑色。冬季气温下降时病貂会大批死亡。

（2）防治方法。

水貂阿留申病到目前为止还没有特异性的预防和治疗措施。改善病情的方法是用青霉素、维生素 B_{12}、多核苷酸等治疗，但这种方法不能治愈本病。

农民朋友可采取检疫、隔离、淘汰、消毒等方法对阿留申病进行有效预防。

①建立严格的兽医卫生制度，貂场内的笼舍、食具等一定要固定使用，并定期清洗和消毒。

②引进种貂时要进行血清碘凝集反应检查，确认无阿留申病时，方能进场。

③每年取皮前和配种前都要进行血清碘凝集反应检查，阳性貂到取皮季节要全部淘汰。

④发现病貂或检出的阳性貂，一律送隔离貂棚专人饲养，貂的食具和清洁用具要固定使用。饲养员或兽医给貂注射时，应使用一次性注射器。

2. 犬瘟热

犬瘟热是一种一年四季均可发生的，由病毒引起的一种急性、接触性传染病。此病对水貂、犬等皮毛动物均有影响，以对幼貂为害尤为严重。它在临床上可以分为卡他型和神经型两种。

（1）病症。

①卡他型：病貂精神沉郁、被毛失去光泽、体温升高、鼻镜干燥、厌食或拒食。患病 1—2 天会出现鼻孔堵塞症状，随之出现鼻炎和结膜炎，鼻孔和眼睛会流出黏液，上下眼皮经常黏在一起。如果是慢性病程，则会出现红斑、脚掌肿胀、四肢皮肤失去弹性等症状。

②神经型：此种类型的病症发病急，患病的貂一般在几分钟到几小时内即可死亡。病貂连续出现口吐白沫、全身抽搐、发出尖叫声、咬住笼网、瞳孔散大等症状，最后会失去知觉而死亡。

（2）防治方法。

我国目前对患犬瘟热的病貂无特效药物治疗,发现病貂应立即进行隔离饲养,加强饲养管理。

①发生犬瘟热的貂场,也要立即进行封锁,把病貂进行隔离,病愈貂不准作种用,到取皮季节全部淘汰取皮。

②定期请兽医为水貂查体,禁止闲杂人员及外界的其他动物进入貂场。

③对于病貂使用过的食具要进行彻底消毒,病貂的尸体要在离貂场较远的位置进行焚烧和掩埋。

养鱼民间谚语

1. 糠糟出猪,粪草出鱼。

2. 一草养三鲢,三鲢带一鳙。

3. 水污鱼生病,水干鱼死净。

4. 养鱼没有巧,饵足水质好。

5. 一月小寒连大寒,塘库成鱼要捕完。
   二月立春又雨水,清整池塘备积肥。

6. 养鱼有三防,防病防汛防泛塘。

7. 傍晚鱼儿水中闹,很难活到明日早。

第12章

草原病虫害

第一节　威胁草原的常见病虫害

在广阔的大草原上,植物的生长和发育需要有一定的条件和环境。当受到其他生物的侵袭,或不适当的环境条件超过了植物的适应能力,它们的生长发育就会受到影响和破坏,从而发生病变,重者导致死亡。下面向农民朋友介绍几种草原常见病虫害。

一、草原常见的病害

1. 禾草白粉病

(1)病症。

发病部位主要是叶片,发病初时叶面出现褪绿且不规则的病斑,病斑边缘不清晰,扩大后为近似椭圆形灰白病斑。长期不治,病斑扩大,由白色变为黄褐色,最终枯死。

(2)防治方法。

每7—10天喷施药物一次。可使用的药物有:粉锈宁、粉饼定、多菌灵、放线酮、乙基托布津等。

2. 草坪霜霉病

(1)病症。

多见于中下部叶片,发病初期,叶片变厚或变宽,叶片不变色。发病严重时,草坪上出现直径为1—10厘米黄色小斑块。受害植株根黄且短小,容易被拔起。在潮湿条件下,感病叶片出现白色霜状霉层。

（2）防治方法。

用 0.2%—0.3% 的瑞毒霉、乙磷铝、杀毒矾等药剂进行拌种,或用上述药剂的 1500—2000 倍液喷雾,可取得较好防治效果。

3. 禾草黑粉病

（1）病症。

该类病害主要侵害禾草植物的花序和穗部,形成孢子堆,外有白色薄膜包被,后期薄膜破裂,散出黑粉,有的孢子堆被叶鞘包被。发病后植株矮化,叶片发黄,影响产草量。

（2）防治方法。

最好的办法是将草地早熟禾的不同品种或剪股颖的不同品种混合过量播种。

4. 禾草斑枯病

（1）病症。

发病部为叶片、茎,病斑叶面生,圆形或椭圆形、菱形,病斑中央灰白色、边缘褐色,后期病斑上着生黑色小点,即病菌分生孢子器。

（2）防治方法。

选用 0.2% 至 0.3%（种子量）的草病灵 3 号、2 号、4 号、代森锰锌、甲基托布津等拌种,或溴甲烷、棉隆等熏蒸剂处理土壤,均有较好效果。

5. 锈病

（1）病症。

锈病使叶片褪绿、皱缩并提前落叶,严重者可减产 60%;染有锈病的植株含有毒素,不仅影响适口性,而且会导致畜禽食用后中毒。

（2）防治方法。

对发病的草地,用 20% 的萎锈灵乳油配置成 200—400 倍液喷雾或用 15% 粉锈宁 1000 倍液喷雾,每隔 10—15 天喷 1 次,喷 2—3 次即可。

6. 豆科牧草根腐病

(1)病症。

主要侵害豆科牧草根部,病状较为复杂,从上下胚轴开始出现不同形状、不同颜色的病斑,呈现红褐色或黑褐色病斑。地上部分症状表现较晚,多数从下部叶片发黄,逐渐向上发展,遇到不适宜条件则全株枯死。

(2)防治方法。

用种子重量 0.03% 的 70% 土菌消可湿性粉剂与 40% 拌种双可湿性粉剂等量混合后拌种。在发病初期,可选用 50% 多菌灵可湿性粉剂 500 倍,或 50% 甲基托布津可湿性粉剂 500 倍液灌根。

7. 红三叶草菌核病

(1)病症。

病株叶片上很少有病斑,茎组织稍变淡褐色,植株上部萎蔫,变黄枯死。若剥离枯死的茎秆,可看到灰白色或黑色极细小的少数微菌核,经组织分离培养,很容易长出菌丝和大量微菌核。

(2)防治方法。

用乙烯菌核剂或菌核净喷雾 2 次,也可浇灌发病中心,或用 1:10 的石灰水浇灌。

8. 禾草镰刀菌枯萎病

(1)病症。

病斑通常发生在老叶片上,受害草坪上出现小块病斑,病斑呈环状或蛙眼状。通常,病斑由浅绿色变成棕褐色,然后又变成稻草色。发展到后期,禾草镰刀菌枯萎病会引起草坪地上部分禾草死亡和地下部分的腐烂。

(2)防治方法。

可选用草病灵 3 号、阿米西达、敌力脱、甲基托布津等内吸杀菌剂喷雾或灌根。其中草病灵 3 号防治腐霉枯萎病效果最好。

9. 豆科牧草灰霉病

(1)病症。

主要为害叶片,多在春季和秋季发病,春季幼苗出现萎蔫、倒伏现象。秋季植株下部叶片初呈水渍状、灰褐色病斑,上部生灰白色霉状物。

(2)防治方法。

发病盛期,可选用 50%速霉威可湿性粉剂 1000 倍液、50%多霉灵可湿性粉剂 1000 倍液、72%克露可湿性粉剂 500 倍液,每隔 7—10 天喷施 1 次,连续喷施 2—3 次。这些药剂均能达到良好的防治效果。

10. 菟丝子

(1)症状。

每株菟丝子缠绕牧草 3—5 株,吸取牧草的养分和水分,导致牧草因养分缺乏而生长受阻,严重时会造成牧草死亡。

(2)防治方法。

刈割或拔除染病植株,特别是在菟丝子结实之前拔除或者进行刈割,这是防止菟丝子蔓延的有效方法。

二、草原常见的虫害

1. 草原叶甲

(1)生活习性。

成虫爬至牧草顶部,啃食叶片呈缺刻。草原叶甲食性杂,取食多种牧草。主要危害矮嵩草、藏嵩草、苔草、华扁穗草、禾本科的早熟禾、羊茅等。

(2)防治方法。

①2.5%敌百虫粉剂喷粉,90%敌百虫 800 倍液喷雾。

②50%辛硫磷乳油 10 倍液,每公顷用 3.7 升药液,超低容量喷雾。

③50%马拉硫磷乳油,40%乐果乳油 1000—1500 倍液。

2. 蚜虫

(1)生活习性。

由于蚜虫吸取牧草的营养,造成植株的嫩茎、幼叶卷缩,严重的导致叶片发黄甚至脱落,从而影响牧草的光合作用,抑制牧草的生长,降低牧草的产草量。

(2)防治方法。

使用 40% 的乐果乳剂可加水进行 1000—1500 倍稀释。为提高药效,喷药时应选择无风雨天气。牧草喷施药液后 7 天内禁止饲喂家畜。

3. 盲椿象

(1)生活习性。

盲椿象主要危害牧草的花蕾,常造成花蕾凋萎枯零,使牧草种子田的结实率降低,不仅造成种子产量下降,而且会影响种子的质量。

(2)防治方法。

对种子田危害不太严重时,可在牧草开花孕蕾期喷洒 50% 敌敌畏乳剂,1000—1500 倍稀释液。

4. 金龟子

(1)生活习性。

每年的春末夏初,金龟子咬食大量牧草的幼苗、嫩茎和叶片。当金龟子祸害严重时,会把牧草幼苗全部吃光,造成断垄缺苗的现象发生。

(2)防治方法。

在金龟子生长期,可用辛拌磷、辛硫磷颗粒剂拌细土后均匀撒施在草地上,锄地时将其埋入土中,药剂越接近根部效果越好。成虫期,可以用树条浸染农药诱杀金龟子,也可用高效复配杀虫剂对其进行喷施,这两种方法都有良好的防治效果。

5. 粘虫

(1)生活习性。

该害虫主要吞食牧草的叶片,如防治不及时,在几天内便可以将牧草的叶片吃光,给牧草生产带来很大的危害。

(2)防治方法。

用菊酯类药剂进行喷施。为提高药效可早用药,尽可能把其消灭在幼虫期,防止成虫的大量繁殖。

6. 潜叶蝇

(1)生活习性。

潜叶蝇的幼虫常在植株的表皮蛀食潜行,对牧草的叶片危害大,造成叶片形成白色线条状隧道。隧道扩大致叶片枯黄,降低牧草的光合作用,造成牧草产量的下降。

(2)防治方法。

成虫主要在叶背面产卵,应喷药于叶背面。防治幼虫要连续喷2—3次,农药可用 40% 乐果乳油 1000 倍液,40% 氧化乐果乳油 1000—2000 倍液。

第二节 全面认识蝗虫

近年来,由于全球气候变暖、太阳黑子活动频繁等现象,引发了全球区域性气候异常、水热平衡季节性失调、旱涝灾害交替发生,加上人类对于土地利用和作物种植结构的改变、超载放牧导致的草原退化和沙化,这些都为蝗虫的繁殖创造了有利的条件,更加促进了飞蝗和某些种类蝗虫的发生,致使蝗灾多次大范围猖獗,并成为世界性灾害。

世界上许多地区都出现过严重的蝗灾。比如 1979 年,美国密苏里州西部 14 个州的牧场和农田,被密密麻麻的蝗虫所覆盖;华盛顿州的亚基马等地,蝗虫铺满了路面,其厚度足以给行驶的车辆带来危险;1889 年红海上空出现一个巨大的蝗虫群,据有关资料估计有 2500 亿只蝗虫,重量达 35 万吨。

一、什么是蝗虫

蝗虫又名蚱蜢、蚂蚱。蝗虫的体型较大,身体和背部呈灰褐色,腹部和脚是绿色,体色差异很大。它们的头大、触角短;前胸背板坚硬、后腿肌肉强劲有力、外骨骼坚硬,善于跳跃;头下方有坚硬的切齿和臼齿,用来切割和咀嚼庄稼;胫骨还有尖锐的锯刺,是有效的防卫武器;蝗虫还具有两对大而长的翅膀。

蝗虫的一生是从受精卵开始的。雌性蝗虫的腹部末端有坚强的"产卵器",能插入土壤中产卵。蝗虫产卵场所大部分都是湿润的河岸和湖滨等。每30—60个卵成一块。从卵中孵出且尚未成熟的幼虫没有翅膀,但能够跳跃,叫做"跳蝻",需要蜕5次皮才能发育成为成虫。跳蝻的形态和生活习性与成虫相似,只是身体比较小,生殖器官还没有发育成熟,因此又被称为"若虫"。当它们逐渐长大,受到外骨骼的限制不能再继续长大的时候,就会脱掉原来的外骨骼,这叫做蜕皮。由孵卵到第一次蜕皮,是1龄,以后每蜕皮一次,就增加1龄。3龄以后,翅芽有明显变化。5龄以后,就变成能飞的成虫。由此可见,蝗虫的个体发育过程要经过卵、若虫、成虫三个时期,这样的发育过程,叫做不完全变态。

二、蝗虫的特点

1. 蝗虫的生命力非常顽强

蝗虫既能在60℃的高温石板上呆一整天,又能在厚厚的雪堆里被埋上几天,然后继续振翅远飞。他们的躯壳非常坚硬,即使飞行时碰到时速为100公里行驶的汽车挡风玻璃,也会安然无恙。

2. 蝗虫的食量令人吃惊

蝗虫的食量非常大,每顿可以吃掉相当于自己体重的食物。即使是刚出生的蝗虫幼虫,每天也可以吃掉超过自己体积三倍的食物。因为他们的消化速度可以随意调节,饱餐后30分钟内即可全部消化。然而在食物匮乏时,它们便可将消化过程调节,延长达4天之久。

3. 蝗虫的成群结队

蝗虫之所以有巨大的危害,是因为它们喜欢成群结队地活动。据研究观察,一个蝗虫队伍的数量最多可达到100亿只,成群的蝗虫可使绿地变成荒原。蝗虫飞过时,群蝗振翅的声音响得惊人,就像海洋中的暴风呼啸。

4. 蝗虫的栖息地

蝗虫栖息在各种场所,而热带森林低洼地、半干旱区域和草原居多。禾本科杂草茂密之处和辽阔的荒地,是蝗虫理想的栖息地。但凡它们飞过的地方,所有农田庄稼无一幸免。

5. 蝗虫的飞行本领强

蝗虫可连续飞行1—3天。美国科学家曾发现,一群蝗虫竟在海拔2400米的高空和一架飞机一起飞行。科学家还观测到,一群非洲蝗虫曾从非洲西海岸飞到加勒比海,短短5天之内竟然飞越了5600公里。但是,在地中海西西里岛附近的海域,意大利科学家也发现了漂浮在海面上大量的蝗虫尸体。科学家认为,在某些特定的情况下,比如食物严重缺乏或被其他动物追杀时,蝗虫很可能像鸟类那样飞越大海,到比较适合它们的生活环境求生。

三、蝗虫的分布与危害

蝗虫以咬食物的叶茎为主,主要取食禾本科植物,比如小麦、高粱、玉米、水稻、芦苇等植物。饥饿时也会取食大豆等双子叶植物。我国已知蝗虫在900种以上,其中对农、林、牧业可造成危害的约为60种。

对禾本科植物造成较大危害的蝗虫主要有东亚飞蝗、稻蝗等;对豆类、马铃薯、甘薯等作物产生危害的蝗虫种类有短星翅蝗等;棉蝗和负蝗可危害棉花、水稻等。根据我国几千年来记载,造成农业上毁灭性灾害的蝗虫,主要是飞蝗,并认为干旱与飞蝗同年发生的相关性最大。

飞蝗是世界上分布最广泛的蝗虫,全世界已知有10个亚种,其分布遍及欧洲、亚洲、非洲、大洋洲四大洲。我国有3个亚种:东亚飞蝗主要分布在东部季风区,在此区可发生2—4代;亚洲飞蝗主要分布在西北干旱和半干旱草原地区,在此区除新疆的吐鄯托地区发生

2 代以外,均每年发生 1 代;西藏飞蝗主要分布在青藏高寒区,在西藏和青海南部,每年发生 1 代。

西藏飞蝗在西藏于 1846—1857 年曾连续 12 年形成蝗灾,并波及 18 个地区。严重地区连年颗粒无收,青稞、麦子荡然无存;草原寸草不生;1999 年,在拉萨、日喀则等地部分地区也爆发了高密度的飞蝗群。

另外,自 1985 年年底以来,非洲许多国家和地区发生了多种蝗虫同时猖獗并造成极严重的损失。在美国西部 17 个州,每年因草原蝗虫所造成的草原损失约为 800 万美元。1999 年在俄罗斯的中部、东西伯利亚南部等 20 多个州、里海附近以及与哈萨斯坦接壤等地区,已有 100 万平方公里农田遭到蝗虫袭击。

第三节 防治蝗灾有办法

在我国古书上早有"旱极而蝗","久旱必有蝗"的记载。一旦发生蝗灾,大量的蝗虫群会吞食禾田,使农产品无一幸免地遭到破坏,引起严重的经济损失以致因为粮食短缺而发生饥荒。

一般来说,蝗虫喜欢温暖而干燥的地方。因为干旱的环境对蝗虫的繁殖、生长发育和存活有很多好处。通常,蝗虫会将卵产在土壤比较坚实,含水量在 10%—20% 的土壤之中。

一、蝗灾产生的原因

1. 蝗虫大量繁殖生长

据有关资料统计,一只雌性蝗虫一次可产卵 50—125 个,一年可繁殖 2—3 代。它们每年产下的卵会在土壤中过冬,等到第二年春天气温回升的时候开始孵化,到了夏季已经成为成虫,称之为夏蝗。这时,夏蝗将进行产卵。由于夏季温度较高,夏蝗的卵经过 10 余天就开始孵化,到了秋天,便已成为成虫,称之为秋蝗。

另外,在干旱的环境中,植物含水量都比较低,蝗虫以此为食,更能加速蝗虫的生长速度,提高其生殖能力。

2. 暖冬过后蝗灾泛滥

全球变暖,冬季温度升高时,很有利于蝗虫越冬卵的增加,为第二年蝗灾的发生提供了"虫卵"。由于蝗虫适应干旱的能力极强,而其他鸟类和昆虫在这种高温情况下都不能生存,所以造成蝗虫疾病的一种丝状菌被抑制,从而使其数量增加。另外,由于气候变暖,干旱加剧,河、湖水面缩小,低洼地裸露,也为蝗虫提供了更多适合产卵的场所。

3. 资源匮乏引发蝗灾

早期的蝗虫生活是孤立的、没有翅膀的若虫,它们更加倾向于相互避开。如果资源变得匮乏,它们就被迫要相互影响,组织成有秩序的蝗群。这种蝗群有种统一行动的能力,进入相邻的栖息地,并且让越来越多的蝗虫加入进来,最终成为巨大的蝗群。

4. 人类对生态环境的破坏

首先,一般的湖库区现在都会有芦苇生长,且无人看管,这样就便于蝗虫产卵。其次,多数农药在杀死蝗虫的同时,把蝗虫的天敌也一同杀死了。再次,过度地放牧,使草无法长出,蝗虫将其嫩芽吃掉。这一切,致使草原覆盖率大大降低,更加便于蝗虫的繁殖。

二、防治蝗虫的办法

1. 农业防治

(1)减少蝗虫的生存地。有些蝗虫发生地地势比较低,农民朋友们可以把地势低的地方改造成池塘,养鱼、虾、蟹等水产品。这样可以减少蝗虫的生存地,也能较好地防治蝗虫。

(2)减少蝗虫的产卵地。有些种类的蝗虫,比如东亚飞蝗,它们喜欢在干燥裸露的地方产卵。农民朋友可增加植物的数量,组织植树造林活动,使植物覆盖率达到70%以上。这样蝗虫就不会在此地产卵,从而减轻了蝗虫的危害。

（3）减少蝗虫的食物源。许多蝗虫啃食玉米、高粱、小麦、谷子、水稻等，但却不啃食大豆、果树等。因此在蝗虫发生地要尽量多种植大豆、果树或其他林木，防治蝗虫。

2. 生物防治

（1）种植可以招引蝗虫天敌的植物，如中华雏蜂虻和芫青的幼虫捕食蝗虫的卵，成虫取食花蜜或花，因此可以在蝗虫发生地种植开花植物，为天敌成虫提供补充食物。

（2）在蝗虫的发生地搭建鸟巢，招引鸟类落户，防治蝗虫。

（3）禁止乱捕青蛙，保证蝗虫发生地青蛙的数量。

（4）将大量鸭子引入农田捕食水稻蝗虫。2000 只鸭子就能把 4000 亩土地里的蝗虫吃得一干二净。

（5）收割后的稻草不要随便烧掉，将其放在田中，为蜘蛛营造良好的环境，以减少蝗灾的发生。

（6）在使用化学农药时，要避开蝗虫的天敌，尽量选择对蝗虫有效而对蝗虫天敌没有杀伤力的农药。

3. 化学防治

（1）坚持冬耕冬灌，及时清除田边杂草，减少越冬虫源。

（2）在蝗蝻没有分散危害之前，每亩喷洒 105% 1605 可湿性粉剂 2 千克；或用 40% 辛硫酸 2000 倍液；或用 2.5% 功夫菊酯 2000 倍液，任选一种喷雾防治。

（3）用 90% 晶体敌百虫 500 克加适量的水稀释后拌炒香的麦麸或豆饼 5 千克制成毒饵，撒在田间进行诱杀。

第四节　鼠害，敲响草原的生态警钟

在我国广阔的草原上生活着许多种鼠类，它们不但与人类争夺生存资源，而且还不停地摧毁草原的生态系统。鼠类是陆地哺乳动物中一个大类群的总称，主要包括啮齿目和兔形目两大类群。狭义的鼠类仅指啮齿目的动物,俗称"老鼠"或者"耗子"。全世界哺乳动物大约有 4231 种,其中啮齿目有 1738 种,兔形目 66 种,两者占哺乳动物总数的 42.6%。在我国,啮齿动物有 190 余种,其中危害牧业较为严重的害鼠有 20 余种。

一、常见草原害鼠的种类

1. 草原黄鼠

草原黄鼠属于兔形目,鼠兔科,也被称为蒙古黄鼠、达乌尔黄鼠、豆鼠子、大眼贼等。草原黄鼠在我国北方各省、区都有分布,是中国北部干旱草原和半荒漠草原的主要鼠类。它们主要栖息于森林草原、沙漠平原、半沙漠草原等。草原黄鼠主要以牧草、谷子以及一些植物的浆果、种子为食,有时还会吃秋季灌浆乳熟期的种子,致使禾苗大量枯死。

草原黄鼠喜欢散居,对生存环境有选择性,喜欢潮湿的地方。通常情况下,它们活动在植株高 15—20 厘米、植被覆盖率 25% 以上的地区。除繁殖季节以外,该鼠均单洞独居。它的洞穴简单,多筑于荒地、黄草坡、地头、路旁以及多年生草地处。该鼠类一年中有半年活动,半年冬眠。活动范围 300—500 米。草原黄鼠挖掘能力强、警惕性高,遇到敌害时,能够迅速地"打墙"逃避。

2. 布氏田鼠

布氏田鼠属于啮齿目,仓鼠科,田鼠亚科,是我国温带干草原的主要害鼠之一,喜欢居住在冷蒿、多根葱及隐子草较多地带和植被覆盖度在 15%—20% 的地方。该鼠为白天活动群居性鼠类,洞系较为复杂,有 5—30 个洞口,每个洞系有仓库 2—3 个,窝巢 1—2 个。

该鼠类的活动,不但直接影响草原植物的生长,破坏植被,使土地裸露,而且它的挖掘活动严重改变洞口群区土壤的结构,致使洞口群区的植被向着不利于放牧的方向演化。植被废弃之后需要 3—5 年才能恢复,这会严重影响畜牧业的发展。当布氏田鼠的数量增加时,它们啃食牧草,不仅会造成牧草产量大大降低,而且还会加速植被退化、沙化。由于布氏田鼠的地下挖掘活动,被挖掘出的泥土形成土丘,对草地生产力破坏严重。被严重破坏的草地,在封闭的情况下需要3—5年才能恢复原貌。

3. 高原鼢鼠

高原鼢鼠,因长年生活于地下,视力严重退化,俗称"瞎老鼠"。高原鼢鼠喜在高寒草甸草原的耕地、阳坡草场以及草滩栖息,并且还要选择土层较厚、土质较软、较湿润及周边食物丰富的地段打洞絮窝。

高原鼢鼠是一种以啃食草根、草茎为生的高寒草甸草原特有的鼠类。其洞穴、鼠道数量多、分布广,凡是其洞穴所到之处,大多数都成为不毛之地。它们在取食、交配、构筑窝洞道的挖掘活动中啃食破坏牧草根系并将土推出,在地表形成大小不一的土丘覆盖牧草。目前,在青海省5.47亿亩草场中,发生鼠害的草原面积已达1.46亿亩,受危害严重的草场有1.12亿亩。目前,这种危害还在以每年不低于7%的速度增长。

4. 长爪沙鼠

长爪沙鼠是一种小型草原动物,大小介于大白鼠和小白鼠之间,也称长爪沙土鼠、蒙古沙鼠或砂耗子,属于啮齿目仓鼠科沙鼠亚科,分布在河北省东部、山西、陕西、宁夏、青海等地的草原地带。蒙古人民共和国和苏联布里亚特地区也有分布。

长爪沙鼠是荒漠草原的代表性优势种,它们最适生境是在疏松的沙质土壤、坡度不大、背风向阳并有茂密的小画眉、白刺等植物的地区,其密度可达到每公顷50只以上。长爪沙鼠喜欢群居在沙质土壤的洞穴中,行动敏捷,有贮粮习惯,不冬眠,一年四季活动,繁殖以春秋为主,每年12月和1月基本不繁殖。

5. 草原鼢鼠

草原鼢鼠是我国的特有物种,分布在内蒙古东部和中部草原,在甘肃、青海、陕西、湖北等地也有分布。草原鼢鼠经常栖息在土壤潮湿疏松的高原和草甸草原、山地草原地区。由于它们喜欢黑暗、惧怕阳光,所以白天只能在地下生活,夜间才偶尔到地面上寻食。

草原鼢鼠以植物的根、茎以及种子为食,最喜食有蚓果芥、多叶委陵菜、沙蒿、阿尔泰狗娃花、二裂委陵菜等,有贮存食物的习性。

鼠害对草原的危害十分严重。1962 年牧区草原发生鼠害面积多达 2000 万公顷,草原被破坏率在 20%—30%,牧草损失在 30%—50%。很多山坡谷地植被彻底破坏,鼠洞密集,严重的地方 1 公顷之内有鼠洞高达 6000 个。有的牧草连根都被吃光,草地变成了"黑土滩",水土严重流失,不能放牧。到 1976 年,仅北方牧区草原鼠害发生面积就高达 5900 万公顷,占可利用草原面积的 27%,牧草损失达数千万吨。

二、害鼠对草原的危害

1. 破坏草系

大多数害鼠长期生活在地下,它们肆意在草场上到处打洞,给草场带来严重破坏。草场上洞口密集,土堆遍地,草地被破坏的千疮百孔。根据有关资料报道,在鼠类危害严重的地方,平均 100 平方米内有土堆 70—80 个,较大的土堆高达 31 米,直径约为 1 米,一般土堆高 15—30 米,直径约为 25—60 厘米。

土地覆盖牧草,导致牧草死亡,除了减少可利用草场外,还引起土壤中的养分流失,自然环境趋于沙化。在炎热的夏天,草场甚至成为不毛之地。根据西北高原生物研究所研究测定,在鼠类破坏造成的次生裸地上,次生裸地占 15% 的地区,每亩草场流失腐殖质 437 千克,流失氮 20.7 千克,土壤含水量低于正常时的 8.43%。因此,鼠害对草场的破坏是毁灭性的。

2. 鼠类啃食优良牧草的根、茎、叶以及与畜争食

1965 年青海部分草场遭受鼠害,造成牧草损失量约相当于 500 万只羊一年的食草量。由于鼠类大量食用牧草等植被,给草原带来严重危害,导致牧草产量大大下降和草场的退化。

3. 鼠类咬死畜禽

1983 年据湖北省统计,全省被害鼠咬伤、咬死的耕牛有 1200 头、猪有 4000 头、被咬死的鸡鸭也有 4200 万只。

第五节　草原鼠害的防治和应急措施

草原鼠害是严重危害草原生态系统的因素之一,同时也是植株被破坏后导致草地退化的一种主要原因。2010 年内蒙古草原出现严重的鼠害,有些地方已形成老鼠和牛羊争夺牧草的局面。当牧草匮乏之时,饥饿已久的鼠类甚至咬伤活羊。

不仅仅是内蒙古,在甘肃甘南草原也同样遭受到 10 年不遇的鼠害。根据甘南藏族自治州草原工作站的统计,入夏以来,甘南藏族自治州鼠害严重地区面积达 2000 万亩,远远超过可利用草原面积的50%,鼠害已经成为甘南草原最严重的灾害之一。当今鼠害如此严重,所以农民朋友在面对鼠害时,一定要采取相应的防治措施。

一、化学灭鼠措施

1. 喷洒 C 型肉毒梭菌素

C 型肉毒梭菌素是一种大分子蛋白质,由 2 个蛋白成分组成,一个是神经毒素活性,另一个是无毒性的血凝素。C 型肉毒梭菌素为淡黄色液体,怕光怕热。

一般采用浓度为 0.06%—0.1% 配制成毒素毒饵灭鼠。农田、草原灭鼠以浓度为 0.1% 的效果较好,在高寒地区使用效果更好。C型肉毒梭菌素最大的优点是安全、无二次中毒,在牧区或农区野外应用,投饵期间不需要禁牧,深受广大牧民的欢迎。这种药物对于防治高原鼠兔、高原鼢鼠、布氏田鼠等均有良好的效果。

2. 使用熏蒸剂

熏蒸剂是毒性易挥发的化学用品,可通过害鼠呼吸道进入体内,使鼠类中毒而死。国内常用的有氯化苦、磷化铝等。

（1）氯化苦是由次氯酸盐和苦味酸钙合成而制的。纯品为无色油状液体，难溶于水，易溶于石油醚和二硫化碳有机溶剂，主要用于消灭野栖鼠类，特别适合用于单洞口居住的鼠类，比如草原黄鼠。一般灭杀草原黄鼠每洞放药物 5—8 克。

（2）磷化铝是呈深灰色或黄色的高熔点晶体。磷化铝在干燥状态下较稳定，遇湿便很快分解出磷化氢气体，从而起到熏杀的作用。现在国内市场出售的磷化铝熏杀剂为灰绿色片剂，每片重 3.3 克，含有 56% 的磷化铝、40% 的氨甲基酸铵和 4% 的石蜡，每片分解后释放出磷化氢气体 1 克。一般每个鼠洞投放 0.5—1 片。

以上两种熏蒸剂被使用时，投药人员需戴防毒面具，严禁在室内使用。

3. 急性药物的投放

（1）甘氟是一种醇类有机化合物，无色，有的呈微黄色，略有酸味，透明油状液体，易和水、醇、乙醚混溶。防治野鼠使用的毒饵浓度为 0.5%—2% 即可。甘氟原药一般含有效成分 75%—80%，易挥发，需装在塑料桶内密闭贮存，防止其挥发。配制毒饵后贮存在密闭容器内 4—8 小时，待毒物被诱饵吸收后再使用。

（2）毒鼠磷是一种有机磷毒剂，为白色晶状，无臭粉末，不易溶于水，极易溶于氯化碳氢类溶剂（如二氯甲烷）。目前主要用于防治野鼠、长爪沙鼠、布氏田鼠、达乌尔黄鼠，毒饵使用浓度为 0.1%—1%。毒鼠磷对野鼠的毒性比较大，对人的毒性比较低，但鸭、鹅对此药物比较敏感。另外，毒鼠磷有经皮肤吸收的危害，因此，农民朋友要特别注意戴胶皮手套防护。

4. 慢性药物的投放

（1）敌鼠，又名敌鼠钠盐、双苯杀鼠酮钠盐，是一种抗凝血的高效杀鼠剂。纯品为黄色针状晶体、无臭无味、无腐蚀性、稳定性好、长期保存不变质。可溶于热水、丙酮、酒精等有机溶剂，在草原上灭杀野鼠使用 0.2%—0.3% 的浓度，一般不超过 0.5%，摄食该药的鼠类会内脏出血不止而死亡,维生素 K_1 是敌鼠的有效解毒剂。

(2)大隆,又名溴联苯鼠隆。纯品为黄白色或灰白色粉末,不易溶于水和石油醚,可溶于乙醇、丙酮、苯等。大隆在常温下化学性质比较稳定,可贮存 2 年以上,是目前抗凝血剂中毒性最强的一种,适口性好,不会产生抗食作用。同时,它可杀死对第一代抗凝血剂产生抗性的鼠类,是一种较为理想的杀鼠剂。一般毒饵使用浓度为0.001%—0.005%。

二、器械灭鼠措施

在与鼠类作斗争的过程中,人类积累了丰富的经验,自发研究出种类繁多的灭鼠器械。下面为农民朋友介绍几种常用的灭鼠器械:

捕鼠夹:它是一种最常用的捕鼠器械,使用方便、价格便宜。常见的有木板夹、铁丝夹、铁板夹、环形夹等。

捕鼠笼:这种方法也是应用较多的一种。常见的有升降式捕鼠笼、翘板门捕鼠笼、押招捕鼠笼、过道式捕鼠笼、倒须门捕鼠笼、铁丝捕鼠笼、短形捕鼠笼等。

套具捕鼠:它包括网套、连环套、竿套等。

捕鼠箭:它包括穿心箭、地箭、地弓等。

吊套捕具:它包括弹弓吊、梁上吊等。

电子捕鼠器:这种捕鼠器适用于粮库及室内。

使用灭鼠器械一个重要因素就是饵料的选择。饵料应选择鼠类喜欢,又不能经常食到的种类。放置灭鼠器械的时间应在鼠类活动的高峰时期。有些鼠类一般夜间出来活动,所以应在傍晚时分放置灭鼠器械,天亮时收回。

捕鼠后的器械处理不能小视,如果灭鼠器上沾有鼠类血液和排泄物等,应及时用沙或干草擦除、冷水洗或太阳晒等方法处理。农民朋友尽量避免和捕到的鼠类接触,要用镊子或钳子取下鼠类的尸体就地深埋,不要乱扔。

第六节　关爱草原,保护资源

全世界草原面积约 40 亿公顷,占全球陆地面积的 24%,人均占有草原 0.64 公顷。我国是草原资源大国,草原面积有 3.36 亿公顷,占国土总面积的 41.7%,居世界第二位。

草原对大自然保护有很大作用,不但具有巨大的生产力和经济价值,也是阻止沙漠蔓延的天然防线,有着重要的生态意义。另外,也是人类发展畜牧业的天然基地。然而,我国与世界其他国家一样,由于管理不善,过度放牧已成为灾害,滥垦乱种也导致草原面积缩小、退化、沙化,草原的破坏还造成严重的水土流失。

一、草原生态系统恶化的原因

1. 超载放牧

超载放牧,是指牲畜放牧量超过了草原生态系统生物生产的承受能力。长期以来,我国畜牧业牲畜头数越养越多,每头牲畜占有草地面积越来越少,使牲畜生长速度下降、存栏时间不断延长、畜产品减少。这样就出现了载畜量过伤的现象,从而打破了畜草之间内在的平衡。

2. 不适当地开垦草原

开垦草原一直是增加农田耕种面积的主要途径之一。但是,草原多处于生态平衡脆弱、气候条件比较严酷、有机质含量少、生物生产量低的干旱与寒冷地区,在未开垦前尚可作为草场使用,当草原被开垦后,原有的自然生态系统彻底被破坏,贫瘠的土壤不再适于农作物生长。所以,盲目的开垦以及开垦后的管理不当,经常会造成既达不到粮食增产的目的,又使草原原有植被遭破坏的局面。

3. 人类对资源的掠夺性开采

随着人口的增长,经济活动的增强,人们对草原资源的需求越来越多。人类不适当地开发利用草原,掠夺草原资源,给草原生态系统造成了巨大的压力。例如,内蒙古苏尼特右旗的草原上生长着发菜、蘑菇和药材等,为取得这些经济作物,每到采收季节,成千上万的人从各个地方涌入草原,大量挖掘这些植物,致使这个地方 20% 的草场遭到严重破坏。

草原生态系统的恶化是我国牧区普遍存在的一个严重问题。为了更好地保护草原的生产力,农民朋友必须对现有草原进行有效地保护、建设和管理。

二、草原改良的有效措施

1. 整理草原地面

整理草原地面主要是清除放牧场或割草场地面上的障碍物或垃圾,有以下几种措施:

(1)清除草丘。在某些沼泽、半沼泽地区,可用钢轨拖板消灭草丘;较先进的是用旋转犁消灭草丘;草丘面积不大于 15%—20% 时,可以人工进行清理。

(2)消除已经枯死的老草枝叶。用"之"字耙、钉齿耙等工具进行梳耙,将枯死的枝叶带出草地,安全焚烧,再将草木灰施于草原作肥料;不能用梳耙消除的老草枝叶,可以进行割除。

(3)利用火烧来清理老草枝叶。以禾本科草为主的草原,如羊茅草、针茅及根茎性禾草(披碱草、羊草等)组成的草原,对于有经济价值而不怕火烧的植物种类与经济价值较低而对火烧敏感的植物种类生长在一起的草原属于易于火烧的草原,在早春融雪之后,可以利用火烧来清理老草枝叶。

(4)有效利用粪肥。畜类的粪肥有利于草类的生长,所以牧民在放牧过后,可用链耙等散粪工具将畜粪堆散开在草原上。

(5)清除石块等杂物。主要是在高产的、面积不大的水泛草地和山麓洪积坡地上清除石块等阻碍草类生长的杂物。

(6)平整鼠穴鼠丘。用重型耙,耙平鼠穴鼠丘。

2. 对草原松土

对草原进行松土,可以增强土壤的透气、透水性;调节土壤酸碱度;增强土壤微生物的活动,促进土壤有机物的分解,从而改善土壤的水分和营养状况,达到提高土壤肥力的目的,对草原进行松土有以下两种实用方法:

(1)松耙方法。

松耙即对草原进行耙地,是改善土壤空气状况的常用措施之一。松耙的时间最好选择在早春进行。松耙的机具可以根据草原的具体条件而分别使用圆盘耙、旋转犁松耙和缺口重耙等。以根茎疏丛型草或疏丛型草为主的生草土,采用旋转犁松耙效果较好,能把土壤撒播在生草土上,盖住根茎和受伤的植株,防止植物干枯或死亡。在生草土坚实而厚的草地上,采用圆盘耙耙地效果较好,耙深6—8厘米,能切碎生草土块等。

松耙还具有如下好处:①减少土壤水分的蒸发,起到保墒的作用。②消除草原地面的枯枝残草,促进嫩枝和某些根茎性草类的生长。③耙松草皮和土壤表层,有利于通气和水分的渗入。④消灭杂草和寄生植物。⑤有利于草原植物的天然下种和人工补播。

(2)划破草皮法。

划破草皮法是在不破坏天然草原植被的情况下,对草皮进行划缝的一种草地培育措施。划破草皮的一个关键因素是选择适当的机具。小面积草原可以采用畜力机具划破。面积较大的草地,应用拖拉机牵引适当的机具(如无壁犁、松土补播机等)进行划破。

划破草皮的深度,根据草皮的厚度来决定,一般以10—20厘米最佳。划破的行距以30—60厘米为宜。划破草皮应选择地势较平坦的草地进行。在缓坡草地上,为防止水土流失,应沿等高线进行划破。但是,这种措施不适于基岩和陡坡上覆土层较薄的地方。

3. 封滩育草

封滩育草就是把一定面积的草原封闭一定时期,禁止割草或放牧,使衰退的优良牧草有一个充分生长、发育和繁殖的机会,并积累一定量的营养物质,从而提高植被覆盖率,恢复和提高草原生产能力,改善牧草品质和适口性。

封滩育草这种方法,简单易行,且效果显著。选择原来草地质量较好,但后来严重退化的地区,或把有希望的割草场作为封滩育草的地点。根据当地草地面积的宽裕情况和草地退化的程度,安排几个月或几年的封滩育草时间。

封滩育草的方式主要有以下三种:①全年封滩育草,即从春季一直封闭到深秋。②夏秋季封闭,留作冬季利用。③每年两段封闭,即春季封闭,留作夏季利用,秋季再度封闭,留作冬季利用。

4. 对草原进行施肥

牧草从土壤和空气中吸收的物质很多。但是,土壤转化的有益养分是有限的,放牧时牲畜的粪便给土壤带来的一些养分也是有限的,农民朋友要改善这种状况,有效的办法就是因地制宜、适时适量地施肥。

(1)提高草原的产草量。增施 0.5 千克氮肥可增产 11.35 千克干草。

(2)提高牧草的品质。施肥可以提高牧草中蛋白质、钙、磷和钾的含量,从而改善牧草的品质,进而提高牧草的适口性。

在草原施肥中,常常采用有机肥料和无机肥料两种。有机肥料包括厩肥、堆肥、腐殖酸类肥料、人粪尿、厩肥汁液、泥炭和绿肥等。无机肥料包括氮素化学肥料、磷素化学肥料、钾素化学肥料、微量元素肥料、施用石膏、赤霉素、石灰、植物生长刺激素等。

(3)改善草层的成分。

①施磷、钾肥有利于豆科牧草的生长,增加草层中豆科牧草的成分。

②单施氮肥或多施氮肥,常能增进禾本科草的发育,而使豆科草在草层中趋于减少或消失。

③施用矿物质肥料,对于谷地与水泛地草甸植物组成的影响是增加禾本科和豆科牧草,减少莎草科牧草和杂类草。

5. 改良盐碱草原

在我国东北、内蒙古和西北的广大草原地区,由于降水量少,蒸发量大,一些地区土壤中的盐分积聚地表,同时深层土壤中所含的盐分也随着地下水上升到地面。遭受盐碱化的地方,牧草生长受到阻碍,严重的地方,雪白一片,草木不生。对于这些地区,一定要采取治理措施加以改良,才能取得良好的效果。

(1)冲洗与排水。引用淡水进行冲洗地面,使盐碱随水流走。在低湿滩地,还可以开沟降低地下水位,使盐碱保蓄于新土层中,不致因水分蒸发而上升至地表。

(2)选择耐盐碱的优良牧草:盐碱化的地段,植被稀疏,种类单纯。在这些地方适合种植耐盐碱的优良牧草,如无芒草、披碱草、鹅观草、羊草、苜蓿和沙打旺等进行改良,效果最好。

(3)刮碱与施肥。当盐碱在地表面积聚时,可将地表上的土刮走。同时,还可以用草覆盖地面,减少盐质随水分蒸发而上升。此外,施用酸性肥,如过磷酸钙等,均有中和碱质的作用。

6. 使用围栏分区放牧

许多国家根据畜群的大小,草场产草量的高低,用围栏将牧场分隔成若干小区,定期轮流放牧。优良草场一年可放牧五、六次,每次七、八天。这种放牧方法效果较好,可提高生产能力 25%。采用分区轮牧对于控制草原载畜量,有效地利用草场资源起到了重要作用。

草原谚语

1. 寺院的喇嘛听鼓声,草原的牧人看天时。
2. 沙地里不赛马,泥泞处不放羊。
3. 瘦马怕泥滑,孕畜怕霜草。
4. 清明前后落透雨,夏秋草茂牛羊肥。
5. 牛蹄窝里水汪汪,天旱日子不会长。
6. 蚂蚁搬家上高山,洪水将要到草原。
7. 冬季飞禽忙搭窝,草原一定下厚雪。

第13章

外来生物入侵

第一节 外来生物入侵带来了什么

一、外来生物与日常生活

外来生物与我们的日常生活密不可分。比如大家平时吃的石榴、葡萄的原产地在近东,胡萝卜、大蒜的原产地在中亚,黄瓜、葫芦的原产地在印度,西瓜的原产地在非洲,等等。

然而,并不是所有的外来生物都能给我们带来好处。福寿螺、薇甘菊、水葫芦等外来有害生物的入侵,在很大程度上破坏了我国的生态环境,给我国经济带来损失。

以水葫芦为例,1901年作为花卉引入中国,30年代作为畜禽饲料引入中国内地各省。由于其繁殖速度快,叶子挡住阳光,导致水下植物得不到足够光照而死亡,破坏水下动物的食物链,导致水生动物死亡。同时,水葫芦的蔓延令大小船只无法在水中来去自由。不仅如此,水葫芦死后沉入水底会形成重金属高含量层,直接杀伤底栖生物,给当地生态环境造成灭绝性破坏。我国的云南、江苏、福建、四川、河南等省受水葫芦危害严重。

深圳西南海面上的内伶仃岛是国家级自然保护区。岛上种满了美丽的相思树、荔枝树和芭蕉树,生长着600多只猕猴以及穿山甲等国家重点保护动物。猕猴依赖香蕉、荔枝及一些灌木、乔木为生。但是,薇甘菊的到来打破了这里良好的生态系统。薇甘菊覆盖了全岛7000多亩山林中的40%—60%的面积,致使植物沐浴不到阳光、吸收不到新鲜空气而枯死,猕猴也面临着严重的食物短缺。

由此可见,外来生物的入侵,即是指生物由原来的生存地,经过自然的或者人为的途径侵入到另一个新环境,并对入侵地的生态系统、农林牧渔业生产、人类健康等带来威胁的现象。

那么外来生物的入侵究竟会给我们带来哪些危害?

二、外来生物入侵的危害

1. 外来入侵的物种会对本地生态系统造成严重破坏

当入侵生物进入新的生长环境后,由于缺失了自己的天敌而大肆蔓延,形成大面积单优群落,致使其他物种逐渐减少、灭绝。

外来物种的入侵对生态系统的破坏体现在以下几个方面:

(1)与当地物种竞争食物或直接杀死当地物种,使本地种失去生存空间。外来植物薇甘菊覆盖了大片的香蕉树、荔枝树和一些乔木,使它们难以进行光合作用而死亡。

(2)分泌释放化学物质,抑制其他物种生长。比如豚草可释放酚酸类、聚乙炔等化学物质,抑制禾本科、菊科等草本植物的生长。

(3)通过自身蔓延形成大面积单一群落,降低物种多样性,使依赖于当地物种多样性生存的其他物种没有适宜的栖息环境。如水葫芦对池塘、湖泊、河道的覆盖率达到100%,降低了水中的溶解氧,致使水生动物死亡。

(4)过分吸收本地土壤水分,不利于水土保持。巨尾桉在海南岛和雷州半岛的林场均有种植,由于它大量吸收水分,造成土壤干燥,肥力降低,如果连续种植,甚至会使土地荒芜。

2. 外来入侵生物会给农林业和旅游业造成经济损失

如美洲斑潜蝇寄生在22个科的110种植物上,尤以瓜果蔬菜类危害严重,包括扁豆、西瓜、豌豆、菜豆、番茄和黄瓜等。目前在我国,每年防治斑潜蝇的成本高达4亿元。

又如:在云南昆明市,游人可以从大观河乘船游滇池和西山,但水葫芦的到来打破了一切的美好。水葫芦在大观河及滇池里疯长,几乎覆盖整个水面,致使船只无法在水面上游走,原来在大观河两岸的配套旅游设施也只好报废或改作他用。

3. 外来入侵生物对人的健康也构成威胁

为了抑制外来物种的肆虐,保护庄稼,农民不得不喷洒大量的农药进行治理,结果使环境遭到很大程度的污染。在豚草开花散粉的季节里,体质过敏者会出现打喷嚏、鼻腔发痒、流鼻涕、流泪等症状。

第二节　最危险的 15 种外来入侵生物

在国际贸易一体化、经济全球化的新形势下,我们面临着越来越严重的外来生物入侵。据统计,美洲斑潜蝇、非洲大蜗牛等入侵的害虫,每年危害的面积达到 140—160 万公顷。松材线虫、松突圆蚧、美国白蛾等森林入侵害虫,每年危害的面积约在 150 万公顷左右。豚草、薇甘菊、空心莲子草、水葫芦等植物的肆意蔓延,已经到了难以控制的局面。

生物入侵不仅使农林牧渔业损失惨重,而且破坏生态环境,威胁人类健康,甚至会引发社会恐慌与人类灾难。外来生物入侵的案例日益增多,由此造成的生物安全问题也越来越严重。那么,我国最危险的外来入侵生物有哪些?

细分下来大概有15种,它们分别是:紫茎泽兰、薇甘菊、空心莲子草、豚草、毒麦、飞机草、水葫芦、蔗扁蛾、美国白蛾、非洲大蜗牛、福寿螺、斑潜蝇、松突圆蚧、松材线虫、大米草等。下面让我们来看看它们的特点。

1. 外来入侵植物

名称	产地	特征	危害	应对方法
薇甘菊	中美洲	茎细长,多分枝;叶边缘有数个粗齿或浅波状圆锯齿;花冠呈白色,花有香气	阻碍植物光合作用,导致其死亡	运用药剂处理薇甘菊种子;浓度为0.4% 的"草坝王"、0.2% 的"毒莠定"

名称	产地	特征	危害	应对方法
水葫芦（学名凤眼莲）	南美洲	叶色翠绿偏深，叶下有一个椭圆形中空的葫芦状茎；花为浅蓝色，呈多棱喇叭状	覆盖整个湖面，与水中其他植物争夺光照，致使它们无法进行光合作用，导致水中的动物无法得到充分的氧气与食物，破坏水中的生态平衡	可以用儒艮或克芜踪除草剂控制水葫芦
空心莲子草	巴西	茎中空，有分枝；叶对生，先端圆钝，有芒尖，基部渐狭；花为白色	①在农田危害农作物，使粮食产量受损 ②大片覆盖水面，影响鱼类的正常生长和捕捞	用20%使它隆乳油，1000倍液稀释，对准它的茎叶进行喷雾
豚草	北美	茎直立，多分枝，呈绿色或暗红色；叶片为绿色三角形，裂片条状披针形；花为淡黄色	①豚草进入农田会吸收大量的水分、氮和磷，造成土壤干旱贫瘠 ②乳牛食入豚草会使乳品质量变坏	春季豚草出苗时进行春耙，可消灭大部分豚草幼苗；豚草结果时要及时拔除，并当场焚烧，以免后患
大米草	英国南海岸	秆直立，不易倒伏；叶片狭披针形，光滑；穗轴顶端延伸成刺芒状	①影响滩涂养殖 ②堵塞航道，影响各类船只出港 ③导致水质下降并诱发赤潮	可用人工机械开挖治理大米草
紫茎泽兰	中、南美洲	茎紫色；叶片边缘具粗锯齿；头状花序，排成伞房状，花为白色	①侵占草地，造成牧草严重减产 ②对马属动物具有毒性（牛拒食），可引起马属动物的哮喘病，常造成牲畜误食中毒死亡	在农田作物种植前，每亩用41%草甘膦异丙胺盐水剂360—400克，兑水40—60千克，均匀喷雾防治

名称	产地	特征	危害	应对方法
飞机草	中美洲	根茎粗壮,茎直立,有分枝;叶对生,卵状三角形,边缘有粗锯齿;花冠淡黄色,柱头粉红色	①影响各种植物,如桑树、花椒、野生名贵中药材的生长,降低粮食的产量 ②叶有毒,会引起人的皮肤炎症和过敏性疾病,家禽家畜误食会引起中毒	对田边、果园、林地中的飞机草,每亩可使用20%克芜踪(百草枯)水剂100—200毫升,兑水30千克,进行叶面喷施
毒麦	欧洲	秆疏丛生,直立;叶鞘较松弛,长于节间;叶片无毛或微粗糙;花序穗状	是一种在麦类作物中生长的有毒杂草,人、畜食后都会中毒	用浓度为400—480倍液的禾草灵,每亩25—150克,兑水60千克,在3叶期喷雾,可达到理想的防除和保产效果

2. 外来入侵动物

名称	产地	特征	危害	应对方法
蔗扁蛾	非洲热带、亚热带地区	幼虫为乳白色透明状;成虫体色为黄褐色,前翅深棕色,后翅黄褐色	①威胁巴西木、鹅掌柴、棕竹的根茎部 ②威胁香蕉、玉米等农作物及温室栽培的植物,特别是一些名贵花卉等	①可在温室内悬挂敌敌畏布条熏蒸 ②当巴西木茎局部受害时,可用斯氏线虫对其局部进行注射防治
松突圆蚧	亚洲日本	雌成虫体宽梨形,淡黄色,头胸部最宽;雄成虫体橘黄色,细长	在松树的针叶、嫩梢、球果上吸食汁液,使受害部位变色发黑、腐烂,针叶枯黄、脱落,严重时会导致整株松树死亡	采用50%杀扑磷或25%喹硫磷药剂各500倍液防治松突圆蚧,效果良好

名称	产地	特征	危害	应对方法
非洲大蜗牛	非洲东部	壳为长卵圆形,有光泽;螺旋部呈圆锥形;壳面为黄或深黄底色,带有焦褐色雾状花纹	①可危害草本、木本、藤本植物100多种 ②是重要寄生虫、植物病菌的传播媒介	①在傍晚非洲大蜗牛取食活动时进行人工捕杀 ②在非洲大蜗牛发生危害期间,亩用6%"密达"或5%"梅塔"颗粒剂250—500克进行防治
美国白蛾	北美洲	成虫为白色;雄虫触角双栉齿状,前翅上有几个褐色斑点;雌虫触角锯齿状,前翅纯白色	①幼虫喜食桑叶,对养蚕业构成威胁 ②危害果树、林木等200多种植物,严重时会将全株树叶食光,造成部分枝条甚至整株死亡	①选用80%敌敌畏乳油1000倍液进行喷药防治 ②利用美国白蛾的天敌周氏啮小蜂进行防治
斑潜蝇	美洲	卵椭圆形,乳白色;幼虫蛆形,近乎无色;成虫体淡灰黑色,足淡黄褐色,复眼酱红色	①雌成虫飞翔把植物叶片刺伤,进行取食 ②幼虫潜入叶片和叶柄为害,叶绿素被破坏,影响光合作用,受害植株叶片脱落,造成花芽、果实被灼伤,严重的造成毁苗	灭蝇胺是当前防治斑潜蝇最好的药剂
松材线虫	北美洲	雌虫尾部近圆锥形,末端圆;雄虫尾部似鸟爪,向腹面弯曲	侵入树木后,先是针叶失水,褪绿,继而变褐,而后整株枯死,针叶全呈红	①用丰索磷注射树干,能有效预防线虫侵入和繁殖 ②在晚夏和秋季(10月份以前)喷洒杀螟松乳剂于被害木表面(每平方米树表用药400—600毫升),可完全杀死树皮下的天牛幼虫

名称	产地	特征	危害	应对方法
福寿螺	南美洲	有螺旋状的螺壳,螺壳有光泽和若干条细纵纹,爬行时头部和腹足伸出	①主要咬食水稻等农作植物,可造成严重减产 ②大量粪便会污染水体 ③繁殖量大,造成其他水生物种灭绝	用茶粕粉10—15千克拌干细土10—15千克均匀撒施,施药后田中保持有5厘米左右的水层,时间约为7天,杀螺效果最佳

第三节 农田常见入侵物种及应对策略

近年来,我国不断遭受着外来物种的侵袭。农田里常见的入侵物种有豚草、毒麦、美洲斑潜蝇等,它们驻扎在粮食、蔬菜作物里肆意为害,给农民的生产生活造成极大的影响,使我国经济蒙受损失。下面就让我们具体了解一下豚草、美洲斑潜蝇的危害,以及应对它们的策略。

一、豚草

豚草原产北美,是一种野生恶性杂草,素有"植物杀手"之称。豚草传入我国后,迅速在各个省市蔓延,其中,吉林、河北、江苏、江西、湖南、铁岭、武汉、南京等省市的情况最为严重。

豚草的繁殖能力和再生能力极强。据了解,一株发育良好的豚草产籽量可以达到7—10万粒,种子可随风、水流、交通工具等四处传播,植株割过5次仍能再生,极难治理。

豚草是一种可造成农作物大面积撂荒的害草。它侵入各种农田后,如麻类、玉米、果园、大豆、小麦、高粱等,能吸收土壤中大量的水分、氮、磷,造成土壤干旱贫瘠。农田中过于茂盛的豚草还会遮挡阳光,严重影响农作物的生长。

据有关专家介绍,豚草能混杂在所有旱地作物中生长,特别是玉米、大豆、向日葵、大麻、洋麻等中耕作物和禾谷类作物,导致作物大面积草荒,以致绝收。据实验表明,在 1 平方米的玉米地中,发现30—50 株豚草,玉米将减产 30%—40%,当豚草数量增加到 50—100 株时,玉米几乎颗粒无收。

另外,豚草花粉可使人发生过敏性疾病,出现诸如哮喘、打喷嚏、咽喉奇痒、荨麻疹、胸闷头昏、失眠等症状。乳牛食入豚草的叶子后乳汁质量变坏,牛奶带有恶臭味。

目前,防治这种恶性杂草的办法主要有四种,即人工机械防治、化学防治、生物防治、真菌防治。

1. 人工机械防治

荒地和农田附近的豚草可利用人工拔除、机械铲除的方法进行处理。农田中的豚草可通过春耙和秋耕进行。春季大量豚草幼苗出现时,可用机械深翻土地,将其耙除。秋季为防止种子萌发,可在秋耕时把种子埋入 10 厘米以下土壤中。

2. 化学防治

用选择性、灭生性除草剂,如阿特拉津、百草枯、草甘膦、扑草净等防治豚草。但是要注意,采用常规的化学方法防治豚草,虽短时间内见效快,但耗资巨大,且会造成环境污染,所以要尽量少用。

3. 生物防治

可利用豚草的天敌豚草条纹叶甲进行防治。豚草条纹叶甲原生长在北美,专食普通豚草和多年生豚草。我国从澳大利亚引进该物种后,经驯化和安全测试,在释放点防除效果良好。

4. 真菌防治

可利用白锈菌等可使豚草生病的真菌生物进行防治。

二、美洲斑潜蝇

美洲斑潜蝇是一种多食性农田害虫,目前主要分布在我国的贵州、云南、四川、北京、浙江等省市。近年来,斑潜蝇大量繁殖,受害作物种类不断增多,危害面积加大,已成为农业生产中的重要有害生物。

美洲斑潜蝇主要危害葫芦科、豆科、伞形科、茄科、菊科和十字花科等蔬菜作物。它的成虫、幼虫均可为害,以幼虫为主。雌成虫刺伤叶片,产卵和取食。幼虫取食叶片正面叶肉,在叶片内形成上下弯曲的蛇形蛀道,使受害叶片失去光合作用能力,干枯脱落,影响作物的生长发育。

据田间调查,一般叶片受害率65%—85%,严重的几乎全叶都是潜蝇虫道,造成大面积的幼苗死亡或植株枯萎,甚至完全绝收。受害严重的豆类、黄瓜、番茄、茄子等虫株率达100%,叶片受害率70%,产量损失一般10%—30%,严重的减产50%以上,甚至毁产绝收。

目前,防治美洲斑潜蝇的方法主要有四种,即农业防治、物理防治、生物防治、化学防治。

1. 农业防治

(1)及时清洁田园,特别是冬季采收后,应及时把被斑潜蝇为害作物的残体集中深埋、沤肥或烧毁,减少越冬基数。

(2)适当疏植,增加田间通透性。考虑蔬菜布局,将斑潜蝇喜食的豆类、茄果类、瓜类与其不为害的蔬菜,如葱、蒜类进行套种或轮作。

2. 物理防治

(1)依据美洲斑潜蝇趋黄习性,利用黄板诱杀,使用黄色粘板或黄粘纸诱集成虫。

(2)在害虫发生高峰时,及时摘除带虫叶片并进行销毁。

(3)在成虫始盛期至盛末期采用灭蝇纸诱杀成虫,每亩设置15个诱杀点,每个点放置一张诱蝇纸诱杀成虫,3—4天更换一次。

3. 生物防治

(1)美洲斑潜蝇的天敌主要有潜蝇姬小蜂、潜蝇茧蜂和反颚茧蜂等,应尽量使用对天敌无毒或低毒的药剂,保护利用天敌,控制为害。

（2）应用抗生素药剂 1.8% 齐螨素（阿维菌素、阿巴丁、害极灭等）乳油 3000 倍液喷雾，防效在 85% 以上。

4. 化学防治

（1）选用 20% 康福多浓可溶剂 2000 倍液或 48% 毒死蜱（乐斯本、氯吡硫磷）乳油 800—1000 倍液，间隔 4—6 天 1 次，连续防治4—5 次。

（2）在煮过甘蔗或胡萝卜的水中加入 0.05% 敌百虫制成毒饵，在每代成虫羽化期喷诱杀毒饵液，每隔 3—5 天喷 1 次，共喷 5—6 次。

第四节　水产养殖常见入侵物种及应对策略

水产养殖业中常见的入侵物种有很多，比如福寿螺、大米草、空心莲子草等。这些栖居在水中的生物严重影响了我国水产业的发展，给当地的农民带来了灾难，给我国的经济造成了巨大的损失。下面就让我们以大米草、福寿螺为例，看一看这些物种的危害以及应对它们的方法。

一、大米草

目前，遭受大米草侵害最严重的是福建省沿海地区。为了保护海堤，发展沿海养殖业，1980 年福建省宁德市从美国引进了草本植物大米草。然而，大米草引进后肆意生长，疯狂蔓延，蚕食了沿海的大片滩涂，致使大片红树林消亡，造成海洋污染。

大米草还会与紫菜、海带等争夺营养，导致藻类、贝类、鱼类、蟹类等多种生物窒息而死，水产品养殖业受到毁灭性打击。

宁德沿海地区的海滩有 870 公里长，这里生长着大量的海产品和植物，当地渔民以此为生。但大米草的到来破坏了这一切，宁德有

3/4 的滩涂被大米草侵占,面积达 50 多万亩,造成的经济损失每年达亿元之巨。

同时,大米草给人们的日常生活也带来了影响。尤其是渔民在海潮来袭时,陷入茫茫大米草中很难辨清方向,导致丧生。当地百姓谈草色变,把大米草叫做"食人草"。

另外,大米草还会堵塞航道,影响各类船只出港,影响海水交换能力,导致水质下降并诱发赤潮。

为了根除大米草,福建当地群众想尽了一切办法:药灭、火烧、刀砍,但都没有效果。因为大米草根系发达,含盐分高,不能做饲料,也不易燃烧。

目前,防治大米草常用的方法有机械防除、化学防治、生物防治和综合治理等。

1. 机械防除

机械防除方法是采用人工或特殊机械装置,对大米草进行拔除。可用人工打捞、割除或拔除的方法治理大米草。也可用人工机械开挖治理大米草,这是最有效的办法,可以做到彻底根治大米草,且不会复发。但是由于人工开挖要对大量泥土进行处理,投入资金也相对较大。

2. 化学防治

在大米草扬花期,每亩喷施米草败育灵 20 克进行防治。

另外,大米草除草剂 BC－08 是比较好的化学药剂,能在 21 天内杀死大米草的地上部分,60 天时地下茎全部腐烂,且对黄鱼苗、三线矶鲈和花蛤等水生生物安全无害。

3. 生物防治

利用大米草的天敌光蝉对其进行防治。光蝉的幼虫和成虫能吸食大米草叶韧皮部中的汁液,消耗其能量,对离开原产地大米草具有非常强的杀伤力,而对其他植物无明显影响。光蝉可在大米草叶片中产卵,破坏叶片维管系统的结构。

另外,可种植无瓣海桑防治大米草。无瓣海桑的生长速度极快,一年即可超过大米草的高度并郁闭成林,能成功抑制大米草的生长。

4. 综合治理

综合治理是将上述各项技术进行有机结合。在治理初期可采用化学、机械方法,而在长期维持上,需利用天敌进行生物防治,选用竞争力强的本地物种与大米草竞争,加速大米草的自然演替,寻求新的生态平衡。

二、福寿螺

福寿螺原产于南美洲亚马逊河流域,于 1981 年传入我国。它主要危害水稻、蔬菜、甘薯等作物。2006 年 8 月,我国广西受台风影响,大部分地区发生强降雨天气,雨水将福寿螺从山上带入田间迅速扩散,泛滥成灾。据当时不完全统计,柳州市 100 余万亩稻田中约有 20 万亩遭受福寿螺侵害。

福寿螺孵化后稍长即开始啃食水稻等水生植物,尤其喜幼嫩部分。水稻插秧后至晒田前是主要受害期。福寿螺咬剪水稻主蘖及有效分蘖,致有效穗减少而造成减产。危害特征是将刚插秧后的水稻嫩株从茎秆基部"剪"断。

洪涝过后,柳州市积极开展扫螺行动,三管齐下,以人工防治、生物防治、化学防治为主。

1. 人工防治

柳州市近年来采取人工捡螺摘卵的方法,消除了大量的福寿螺。此外,在螺害发生较重的地区避免田水串灌,在稻田主要灌溉水进出口处设置竹网或金属丝网,防止福寿螺随灌溉水侵入。

2. 生物防治

利用鸭子捕食。鸭子喜好食螺,柳州市农民在福寿螺较多的田块、沟渠放养大量鸭子,采食幼螺,使稻田得到保护的同时,也提高了鸭子的产蛋品质。

3. 化学防治

化学防治就是利用药物防治。在福寿螺产卵前,于土表干燥、温暖的傍晚,用浓度为 8% 灭蜗灵颗粒剂,每亩 1.5—2 千克,碾碎后拌饼屑或细土 5—7.5 千克,撒于受害植株根部,2—3 天后,接触过药剂的福寿螺会大量死亡。

第五节　林业常见入侵物种及应对策略

林业在国民经济建设、人民生活和自然环境生态平衡中,有着非常重要的地位和作用。然而,近年来我国林业中频现松材线虫、美国白蛾、松突圆蚧等外来入侵物种,给我国的林业造成了巨大的损害。下面就让我们来具体看一下这些物种的危害,以及应对它们的策略。

一、松材线虫

松材线虫原产北美洲,是世界上最具危险性的森林虫害,主要危害松树和其他针叶树。1982 年在我国南京中山陵首次发现,以后相继在江苏、安徽、广东和浙江等地成灾。

松材线虫近距离传播主要靠媒介天牛,如松墨天牛,携带传播;远距离传播主要借助感病苗木、松材、枝丫及其他松木制品的调运进行。

病原线虫在媒介昆虫松墨天牛补充营养时,从松树伤口处进入内部,寄生在树脂道中。大量繁殖后,遍及全株,造成导管阻塞,植株失水,针叶萎蔫褪绿变黄色至红褐色,树脂分泌急剧减少或停止。松树一旦感染此病,最快的 40 天即可枯死;松林染病到毁灭只需 3—5 年时间。

松树是我国的重要森林资源,占我国森林总面积的 1/4。松林在调节气候、保持水土、保障农业稳产高产等方面的作用非常大。松林的存亡直接关乎林业的兴衰;在黄山、九华山等著名风景区,松树的存亡直接关乎当地旅游业的兴衰;松材还是我国出口木质包装的重要原料,松材线虫病的除治成效,直接影响我国相关产品的出口贸易。

所以,防治松材线虫势在必行。目前,主要的防治方法有人工防治、生物防治、化学防治三种。

1. 人工防治

为了有效地防治松材线虫的扩散,需将林区染病的枯死木、濒死木、衰弱木等一一伐除。对于新发生和孤立的疫点可采用全部伐除的措施,彻底清除病源,形成隔离带,避免传染周边的树木。要注意死树和活树应分开放置,分别进行除害处理。病区残留的松树松枝和根桩应集中烧毁,清理干净,以减少病源,提高除治效果。

2. 生物防治

(1)用白僵菌和管氏肿腿蜂在松墨天牛幼龄期(4—5月)进行防治。在松墨天牛羽化期(5—9月),对危害严重的松林区,每隔一定的距离设置1个诱捕器,器中放置脱脂棉或3%杀螟松乳剂,诱杀松墨天牛成虫。

(2)林种改造。可以减少松墨天牛寄主松树,控制松材线虫病的蔓延速度和范围。比如,可大力培育阔叶林树种,更新树种(如麻栎、黄连木等)。在具体操作过程中,农民朋友要注意因地制宜地栽种树种。

(3)利用白僵菌、捕线虫真菌来防治松材线虫。

3. 化学防治

(1)为预防松材线虫侵入松树,可在线虫侵染前数星期,用乙伴磷、治线磷、丰索磷等内吸性杀虫和杀线剂施于松树根部土壤中,或用丰索磷注射树干。

(2)在晚夏和秋季(10月份以前),用杀螟松乳剂每亩400—600毫升,喷于被害木表面,可以完全杀死树皮下的天牛幼虫。这项措施必须在天牛羽化前完成。在天牛羽化后补充营养期间,可喷洒0.5%杀螟松乳剂(每株2—3千克)防治天牛,保护树冠。

二、美国白蛾

美国白蛾是举世瞩目的世界性检疫害虫。1979年在我国辽宁省首次发现,近几年在沿海地区园林树木上经常发现此种害虫。在侵入我国后,由于失去了原有天敌的控制,其种群密度迅速增长并蔓延成灾。

美国白蛾喜爱温暖、潮湿的海洋性气候。在春季雨水多的年份,美国白蛾的危害特别严重。它的初孵幼虫有群居的习性,当每株树上达到几百只、上千只幼虫时,会把树木叶片蚕食得一干二净,严重影响树木的生长。同时,它还属于典型的多食性害虫,喜食的植物有桑、胡桃、苹果、梧桐、李、樱桃、柿、榆和柳等,危害200多种林木、野生植物、果树和农作物,尤其以阔叶树为重,对园林树木、经济林、农田防护林等也会造成严重的危害。

美国白蛾的防治方法主要有三种,即人工防治、生物防治和化学防治。

1. 人工防治

在美国白蛾化蛹期,利用其在草垛、砖瓦、石块下化蛹越冬的习性,将蛹挖出,集中消灭;在成虫羽化期,每日清晨或黄昏在树干、墙壁等直立物上捕蛾;在幼虫3龄前,发现网幕,用高枝剪将网幕连同小枝一起剪下处理。如果幼虫已分散,则在幼虫下树化蛹前采取上松下紧绑草法,诱集下树化蛹的幼虫,定期集中烧毁处理。

2. 生物防治

可用周氏啮小蜂进行防治,因为周氏啮小蜂是美国白蛾的天敌。另外,在美国白蛾泛滥的林区,我们可采用放养鸡群的方法对其进行防治,尤其是在白蛾的幼虫阶段,鸡群将会吃掉下树化蛹的老熟幼虫,以减少白蛾对林区的危害。

3. 化学防治

药剂可选用2.5%溴氰菊酯乳油2500倍液、5%来福灵4000倍液,或者80%敌敌畏乳油1000倍液进行喷药防治,均可有效控治此虫危害。

第六节　灭草剂的选择和正确使用

我国稻、麦、玉米、大豆及棉花等主要农作物农田杂草有 600 余种,其中严重为害作物生长的杂草有 50 余种。这些杂草与农作物争夺水分、养分、光照和空间,降低农作物的产量和质量,危害我国农业的发展。为此,广大农民发现田间有大量杂草时,应及时选择正确的灭草剂进行防治,以杜绝其危害农作物。

一、草甘膦

草甘膦是一种灭生性慢性内吸除草剂,通过杂草茎叶吸收并传导全株,使杂草枯死,在土壤中迅速分解,对一年生和多年生杂草均有效。它的适用范围非常广泛,包括苹果园、茶园、桑园、桃园、林木和农田休闲地杂草,对狗尾草、看麦娘、牛筋草、猪殃殃、白茅、芦苇、香附子、狗牙根、蛇莓、小飞蓬、鸭跖草等杂草均具有较好的防治效果。

草甘膦的用法有:

一是对于路边、休闲地、田边的除草,可在杂草 4—6 叶期,每亩用 10% 水剂 0.5—1 千克,加柴油 100 毫升,兑水 20—30 千克,对杂草喷雾。

二是对于一些恶性杂草,如香附子、芦苇等,可按照每亩地 200 克加入助剂,除草效果好。

三是对于桑园、果园等地的一年生和多年生杂草,可采用的方法是:每亩用 10% 水剂 1—1.5 千克,兑水 20—30 千克,对杂草茎叶定向喷雾。

四是农田倒茬播种前防除田间已生长杂草,用药量可参照果园除草。在棉花生长期,可每亩用 10% 水剂 0.5—0.75 千克,兑水

20—30 千克,带罩对棉花进行定向喷雾。

二、氟乐灵

氟乐灵适用的范围非常广泛,包括向日葵、土豆、胡萝卜、茄子、棉花、大豆、油菜、花生、冬小麦、大麦、甘蔗、番茄、辣椒、卷心菜、花菜、芹菜及桑、瓜果类等作物,能防除看麦娘、稗草、狗尾草、野燕麦、马唐、牛筋草、碱茅、千金子、猪毛菜、宝盖草、马齿苋等一年生禾本科杂草及部分双子叶杂草。

氟乐灵的用法:

一是对于油菜、花生、芝麻和蔬菜田里的杂草,可播前 3—7 天,每亩用 48% 乳油 100—150 毫升,兑水均匀喷布土表,立即混土。在叶菜类蔬菜地使用时,需注意药量不宜超过 150 毫升,以免产生药害。

二是对于玉米、甘蔗、大豆等宽行作物田里的杂草,可播前处理或播后苗前处理,也可在作物生长中后期,采用定向喷雾的方式防除行间杂草。

播前或播后苗前处理,每亩用 20% 水剂 75—200 毫升,兑水 25 千克喷雾防除已出土杂草。

作物生长期,每亩用 20% 水剂 100—200 毫升,兑水 25 千克,做行间保护性定向喷雾。

三是棉田播种前,每亩用 48% 乳油 125—150 毫升,兑水 50 千克,均匀喷布土表,随即混土 2—3 厘米,混土后即可播种。

三、异丙隆

异丙隆为内吸传导型土壤和茎叶处理剂。植物根部吸收到异丙隆药剂后,输送并积累在叶片中,抑制光合作用,导致杂草死亡。异丙隆能防除大麦、小麦、棉花、花生、玉米、水稻、豆类作物田中的一年生禾本科杂草和阔叶杂草,比如看麦娘、日本看麦娘、硬草、小藜、野燕麦、芥菜、黑麦草等。

异丙隆的用法有：

一是每亩用 20% 可湿性粉剂 250 克兑水,在育苗韭菜、直播葱头、采籽葱头、马铃薯等菜田播种后至出苗前,对地表进行喷雾。

二是每亩用 20% 可湿性粉剂 200 克兑水,在西红柿、甜(辣)椒等移栽成活后,对其地表定向喷雾。

四、扑草净

扑草净对刚萌发的杂草防效最好,适用于棉花、大豆、麦类、花生、果树、蔬菜、茶树及水稻田,能防除稗草、马唐、野苋菜、马齿苋、看麦娘、车前草等杂草。

扑草净的用法有：

一是对于棉花、花生、大豆、谷子,可在播种前或播种后出苗前,每亩用 50% 可湿性粉剂 100—150 克,兑水 30 千克均匀喷雾于地表,可有效防除杂草。

二是麦田于麦苗 2—3 叶期、杂草 1—2 期,每亩用 50% 可湿性粉剂 75—100 克,兑水 30—50 千克,做茎叶喷雾处理,可防除繁缕、看麦娘等杂草。

三是对于胡萝卜、芹菜、大蒜、洋葱、韭菜、茴香等农作物,可在播种时或播种后出苗前,每亩用 50% 可湿性粉剂 100 克,兑水 50 千克土表均匀喷雾,或每亩用 50% 扑草净可湿性粉剂 50 克与 25% 除草醚乳油 200 毫升混用,效果更好。

四是对于水产养殖中的丝状藻类(青苔)、大型草类及有害藻类,每亩 1 米水深用 120—160 克,兑水后泼洒或拌入细土均匀泼洒在青苔附着处,一天 1 次,可连用 1—2 天;青苔集中的地方适当增加泼洒量。

五、甲草胺

甲草胺是一种芽前除草剂,主要杀死土壤中未出土的杂草,对已出土杂草无效。它适用于大豆、玉米、花生、棉花、马铃薯、甘蔗、油菜等作物田,能防除马唐、蟋蟀草、狗尾草、臂形草、轮生粟米草等杂草。

甲草胺的用法:

一是在玉米、棉花、花生地上使用,于播后出苗前,每亩用48%乳油200—250毫升,兑水35千克左右,均匀喷在土地表层上。

二是在大豆田播后出苗前,每亩用48%乳油200—300毫升,兑水35千克,均匀喷雾土表。

三是在番茄、辣椒、洋葱、萝卜等蔬菜播种前或移栽前,每亩用43%甲草胺乳油200毫升,兑水40—50千克,均匀喷雾土表,用耙浅混土后播种或移栽,效果良好。如果施药后需覆盖地膜,则用药量应适当减少1/3—1/2。

此外,农业中比较好的灭草剂还有很多种,如百草枯,对多年生杂草有强烈的杀伤作用,能防除果园、耕地、桑园、胶园及林带的杂草;杀草丹对水稻田牛毛草、稗草有特效,能有效防除鸭舌草、瓜皮草、水马齿、看麦娘、野燕麦等一年生杂草,对水稻、小麦、油菜、花生、大豆、棉花、玉米、甘蔗等作物安全。

灭草剂的选择,应根据不同的杂草、不同的作物、不同的田地选用不同的品种。只有正确地使用,方能达到理想的效果。

谚语中的趣味生物学知识

1. 龙生龙,凤生凤,老鼠的儿子会打洞——生物的遗传。

2. 螳螂捕蝉,黄雀在后——生物的捕食。

3. 一山不容二虎——生物的种内斗争。

4. 飞蛾扑灯火——生物的应激性。

5. 一母生九子,九子各不同——生物的变异。

6. 作茧自缚——生物适应的相对性。

第四篇

人为灾害

第14章
生产事故

第一节　农业生产事故知多少

我国是农业大国,农业生产事故多发、类型多种多样,事故的原因更是复杂难辨。一般来说,自然环境、灾害和人为因素等都可能成为农业生产事故的导火索。

我们都知道,早期农业依存于自然,农民"靠天吃饭",对灾害几乎束手无策。而发达的现代科技,使得类似于土壤、气候和病虫害等自然因素对农业的影响减弱,大大提高了人们的生产效率。在这看似乐观的情况下,却有一点十分值得我们注意和反思:虽然化学制剂的应用和机械化水平的提高促进了农业生产的发展,但是由于人为因素造成的农业生产事故却在不断增加,危害性也呈明显上升趋势。

农业生产事故有大有小,小则轻微影响农产品数量和质量,大则造成严重的经济损失、危及生命健康安全。生活中比较常见的农业生产事故有农药使用事故和农业机械事故。下面我们将一一进行介绍,以便于农民朋友采取相应的预防措施,将损失降至最低。

一、农药使用事故

如今的农业发展离不开农药。农药已经成为农产品丰收、农民获得收益的有力保障。那么,为什么会发生农药使用事故?主要是因为使用者对相关的安全知识不了解,且防范意识淡薄,结果非但没有获得理想的收益,反而危害到农作物甚至人畜安全。

举例来说,"敌敌畏"中毒事件时有发生,因此很多人对这种农药心怀畏惧。实际上,"敌敌畏"作为一种常用农药毒性并不高,但是该药挥发性较强,使用不当易发生中毒事件。所以,农民朋友需要学会合理用药,对症、适时、适量施药,掌握正确的施药技术和流程,避免事故的发生。

1. 了解农药的特性

在了解农药的特性之前,最好不要随意使用,以避免错用。比如,一些农药的效果受温度影响(敌敌畏不适合高温使用),要在适宜的环境中使用才能发挥效力。另外,若要混用农药,注意品种不要超过 3 种,且酸碱性农药、含硫杀菌剂与杀虫剂、除草剂混用都有可能降低药效。

2. 熟知作物的敏感性

一般来说,处于花期的农作物对药剂很敏感。此外,还有一些农作物对固定类型的农药十分敏感,一旦接触极易产生药害(如玉米和高粱对敌百虫敏感、水稻对辛硫磷敏感)。

3. 牢记正确的操作方法

施药前要仔细阅读产品说明,对农药的浓度和用量进行严格的控制,并准备好防护用具。施药者一定要站在上风方向,细致周到地喷洒农药。

二、农业机械事故

农业机械化大大提高了生产效率,已经成为农业生产的大趋势。但都具两面性,有利必有弊。一旦农用机械发生故障或者人员操作出现问题,便有可能导致农业机械事故。

所以,使用者必须技术过硬,了解机械事故相关的法律法规;平时要注意加强对机械进行检查维护,以最大限度消除农业机械事故隐患。具体来讲,要预防农业机械事故须做到以下几点:

一是正规厂家生产的农机零配件质量好、安全装置(保护架、后视镜、喇叭、指示灯等）齐全。为排除机械故障隐患,农民朋友务必购买此类安全性能较高的机械。此外,还要保证农机定期参加年检,并在正规的维修厂进行保养和检修。

二是未经过正规学校的培训并取得驾驶操作证明者,不可随意操作农业机械。获得操作许可的驾驶人员,即使操作技术熟练,也要提高安全意识,养成良好的驾驶习惯(勤观察、不抢道、不疲劳驾驶等)。

三是普通人不要随意接近农机的牵引架、挡泥板或者类似的具有危险性的机械部位,以免造成意外。

第二节　农药使用事故应急处理方法

在农业生产中,农药已经得到广泛的使用。但是一些人仍不了解农药的危害性:施药方法不当或者误用、错混农药发生中毒事件、危害农作物的生长甚至造成绝产。农民朋友应了解常见的农药使用事故,掌握相应的应急处理方法,才能在保障人身安全的前提下,获得最大的经济效益。

一、常见农药中毒应急处理

1. 常见农药中毒

了解农药中毒的症状,及时采取抢救措施,对保护生命安全起着十分重要的作用。下面让我们先了解一些常见农药中毒的症状。

(1)有机磷农药中毒。

敌百虫、敌敌畏、乐果是比较常见的有机磷农药。有机磷农药轻度中毒者会出现多汗、肠胃紊乱、呼吸障碍、神经系统和心血管系统异常;中度中毒者伴有较为严重的肌肉问题;重度中毒者会出现水肿和严重的神经症。

(2)有机氯农药中毒。

常见的有机氯农药有毒杀芬、艾氏剂等。与有机磷农药中毒相

似,有机氯农药中毒也分轻度、中度和重度三种情况。中毒者有较为强烈的眩晕、厌食、畏光、多汗等刺激性症状,且表现出不同程度的疼痛,肠胃、心血管、呼吸道不适和神经症。

（3）拟除虫菊酯类农药中毒。

这类农药一般是中等毒性,如:敌杀死、灭杀菊酯、速灭杀丁等。毒性发作之前的潜伏期根据中毒途径而有所不同。中毒者刺激症状明显(感觉异常、面部潮红等),肠胃不适,呼吸、神经和心血管系统异常。

（4）氨基甲酸酯类农药中毒。

灭扑威、除草丹、禾大壮等氨基甲酸酯类农药毒性相对偏低,中毒者的表现与轻度有机磷农药中毒相似:厌食恶心、头痛眩晕、心悸、多汗乏力、痉挛等。重度中毒时可能出现水肿、呼吸障碍和昏迷的情况。

2. 农药中毒应急处理方法

经呼吸道吸入和皮肤接触农药是导致中毒最常见的现象。若发现有人产生上述症状,要迅速将人带离中毒环境,脱掉已经受到农药污染的衣物,以阻止有毒物质进一步入侵。为确保中毒者呼吸顺畅,应选择通风良好的环境对其进行急救。如果是因为人的皮肤不慎接触毒药引起中毒,可用生理盐水、肥皂水或者清水清洗农药残留部位(有机氯农药、敌百虫禁用肥皂水冲洗)。

除此之外,救治人员要选择适合的解毒剂。有机磷农药中毒和氨基甲酸酯类农药中毒可选择阿托品进行急救。需要注意的是:有机氯农药中毒、拟除虫菊酯类农药中毒暂时还没有特效的解毒药物。无论是哪一种农药中毒,只要发现中毒者症状严重,应立即送往医院抢救。

二、农药药害应急处理

1. 农药药害分类

我们可以将农药药害分为三种类型:残留药害、急性药害和慢性药害。一旦发生农药药害,如果不注意采取补救措施,有可能造成巨大的经济损失。

(1)残留药害。土壤中农药的残留量过高、时间过长,会直接影响下一茬农作物的生长,造成减产。

(2)急性药害。急性药害的潜伏期为施药后的几小时到几天,肉眼可见种子或者幼芽生长异常、病变甚至死亡。

(3)慢性药害。慢性药害前期症状不明显,但农作物果实质量会受到严重影响。

2. 农药药害应急处理方法

出现药害后,可以用大量的水洗去农作物上的残留农药或利用其他药物减轻药害,并为补种的农作物追施速效性肥料。之后要加强对农田水肥的管理,适量使用激素缓解药害症状,使作物恢复正常生长。

以西瓜为例了解具体的操作方式:

西瓜属于敏感型作物,施药不当极易发生药害。发现西瓜药害,最好在施药的 6 个小时内用足量清水冲洗残留药剂,利用高锰酸钾的分解作用减弱药害,同时减少其他农药特别是类似农药的使用。此外,可通过松土、施肥改善土壤环境,并为叶面施磷、钾肥,以促进西瓜植株的正常发育。

第三节 农业机械事故应急处理办法

农业机械事故简称农机事故,是指农业机械,如联合收割机、拖拉机、播种机等,在作业或转移等过程中造成人身伤亡、财产损失的事件。

现代农业中,由于农业机械的数量不断增长,农业机械操作人员的数量也大量增加,农业机械安全问题日渐突出。据有关方面统计,2008 年我国发生的农业机械事故共 8319 起,死亡人数为 2732 人,受伤人数为 8296 人。

农业机械事故在我国大量发生,一是由于某些不法生产者使用伪劣配件拼装农业机械,使用残次配件进行维修,造成严重的安全隐患。二是由于操作人员安全意识淡薄,专业化程度较低,无证驾驶、非法搭人载客等现象较为普遍。

2010 年 11 月 16 日上午,江苏南通市如东县三民村发生一起事故,正在滩涂作业的拖拉机发生侧翻,导致两名渔民受伤。接到事故报告后,县农机局领导命令封锁现场,通知 120 急救中心立即赶赴现场援救,并把案情呈报公安部门,便于火速前往,维持秩序,处理事故。

随即,医疗救护组、后勤保障人员、事故处理人员到达现场。医护人员迅速对伤员的伤口进行止血、包扎,并抬上救护车;开赴现场的一台中型拖拉机把侧翻的拖拉机拖走。

与此同时,事故处理人员设立隔离带、勘查事故现场,并与当事人和目击证人分别进行谈话,做了询问笔录,分析事故原因,然后制作了《农业机械事故快报》,并向现场指挥做了汇报,同时将这份事故报告传报给南通市农机安全监理所。

从这个案例中我们可以看出,如东县工作人员处理事故是非常到位的。下面就让我们来说一说遇到机械事故应急处理的具体细节,以供参考。

一、报案和受理

1. 报案

农机事故发生后,农机操作人员应立即停止操作农业机械,保护现场,并向事故发生地县级农机安全监理机构报案。接到报案后,县级农机安全监理机构应当立即派人勘查现场,并自勘查现场之时起24 小时内决定是否立案。

如果当事人肇事逃逸,农机事故现场目击者和其他知情人应向事故发生地县级农机安全监理机构或公安机关举报。接到举报的农机安全监理机构应当协助公安机关开展追查工作。

对于事故中受伤较重的人员,应立即拨打 120 抢救受伤人员。事故造成人员死亡的,应当向当地公安机关报案。因抢救受伤人员而导致现场变动的,应当标明事故发生时农机和人员所在的位置。

2. 受理

农机安全监理机构接到事故报案后,应派出 2 名以上农机事故处理员共同处理。处理事故的过程中应该详细记录以下几个方面的内容:

(1)报案人姓名、报案时间、报案方式、联系方式、电话报案的要记录下报案电话。

(2)农机事故发生的时间、地点,农业机械类型、号牌号码、装载物品等情况。

(3)人员伤亡和财产损失情况。

(4)是否存在肇事嫌疑人逃逸等情况。

二、勘察处理

第一,及时抢救农机事故中的受伤人员,抢救治疗费用由肇事嫌疑人和肇事农业机械所有人先行预付。

第二,农机事故处理人员到达事故现场后,勘察现场,拍摄照片,绘制现场图,采集、提取物证、痕迹,并制作现场勘查笔录。同时还要确定事故当事人、肇事嫌疑人,查找证人,并制作询问笔录。

第三,农机事故处理员、当事人或者见证人应当在勘查笔录、现场图、询问笔录上签名或捺印。

第四,如果农机事故损毁了供电、通讯等设施,应立即通知有关部门进行处理。

第五,如发现发生事故的农机中装有易燃、易爆、易腐蚀等危险物品,农机事故人员应立即报告当地人民政府,并协助做好有关工作。

第六,登记和保护遗留物品。

第七,农机事故造成人员死亡的,应由医院或者法医出具死亡证明。需要对死者尸体进行检验的,应通知死者家属到场。需解剖鉴定的,应当征得死者家属或死者所在单位的同意。

另外,农机安全监理机构可以对事故当事人的人体损伤、精神状况和事故农业机械行驶速度、痕迹等进行鉴定,鉴定结果应当书面告知当事人。

对于事故中涉嫌犯罪的当事人,农机安全监理机构应将其移送公安机关进行处理;对事故农业机械可按照《中华人民共和国行政处罚法》的规定,先行登记保存。

三、事故认定

一是因一方当事人的过错造成农机事故的,该方当事人承担全部责任,他方无责任。

二是事故发生的原因是由两方或两方以上当事人的过错导致的,应根据当事人发生过错的严重程度,分别承担主要责任、同等责任和次要责任。

三是农机事故中两方当事人都没有过错,属意外事故的,双方均不负任何责任。

四、赔偿调解

对于农机事故当事人请求调解赔偿的,农机安全监理机构应当按照合法、公正、自愿、及时的原则,采取公开方式进行农机事故损害调解赔偿,但当事人一方要求不予公开的除外。

调解协议达成后,农机安全监理机构制作农机事故损害赔偿调解书送达各方当事人,当事人共同签字后调解赔偿书生效。调解达成后当事人反悔的,可向人民法院提起民事诉讼。

五、事故快报

对于较大的农业机械事故,事故发生地农机安全监理机构应立即向农业机械化主管部门报告,并逐级上报至农业部农机监理总站。每级上报时间不得超过 2 小时。必要时,农机安全监理机构可以越级上报事故情况。

下面我们以表格的形式向农民朋友展示农机事故快报的内容。

农机机械事故快报

报告单位全称:　　　　　　　　　　　　　　　签发人:

时间:	地点:				
伤亡人数及 直接经济损失	失踪 人数 (人)	受伤 人数 (人)	死亡 人数 (人)	直接 经济 损失 (元)	
事故简况和现场 处置情况					
上报时间	年　月　日　时　分				
备注					

第四节　别让生产被事故拖累

一旦发生农业生产事故,轻者造成农机具损害、农作物减产绝产,重者造成人员伤亡。如果处理不当,随之而来的极有可能是农业生产的停滞,并导致事故影响进一步扩大,令农民朋友蒙受巨大的损失。

那么,如何才能避免生产被事故拖累,在最短的时间内恢复生产? 总的来说,我们要做到以下几点:努力调整心态,及时报告相关部门请求救援,积极参与抢救伤员和财产工作。

一、调整心态

当人们身处事故现场,多多少少都会产生恐惧和慌乱感。如果是造成了大量伤亡的事故,甚至可能会给目击者和当事人留下精神创伤。为了挽救更多的生命,减少经济财产损失,我们一定要学会坚强面对意外情况,及时调整心态,从事故的阴影中走出来,尽快着手处理紧急事态,恢复生产。

二、及时报告

不管是当事人还是目击者,在遇到生产事故的第一时间,即应向有关机构和部门(农机安全监理机构、安全生产监督管理部门、农业行政主管部门、农业生产事故办公室或公安机关等)报告情况,并注意保护事故现场,方便相关人员调查取证。如果事故造成人员伤亡,则需引导救援者尽快赶到事故现场,采取最为有效的措施抢救生命,防止事态恶化,减少财产损失。

1. 农药使用事故报告方法

在报告农药使用事故时,首先要将事故发生的原因、时间地点以及受害动植物类型、症状描述清楚,然后告知事故的严重程度和已经采取的临时措施。最后还要留下报告人的姓名和联系方式,以便于随时联系和沟通。

2. 农业机械事故报告方法

事故的当事人或目击者要向相关管理部门准确报告事故发生的时间、地点、人员伤亡、经济财产损失情况。另外,还要尽可能详细地说出事故机型、牌照号和装载的物品,并留下具体的联系方式以方便联系。对于一些恶意的人为事故,要主动提供破案线索和证据。

三、现场处理注意事项

如果事故现场出现人员受伤或者财产受到威胁的情况,事故现场人员应立即与外界取得联系,以获得救援。同时在自身能力允许的范围内对伤员进行救治、抢救财产。

现场抢救的原则是:在确保自己和受伤人员生命安全的情况下,尽力抢救出更多的财产,减少经济损失。

相信在今后的生活中,只要我们随时保持良好的心态和清醒的头脑,一旦面对事故,也可以做出科学合理的判断,游刃有余地处理各种突发情况,有效地预防农业生产事故的发生。

农业生产安全谚语

1. 晴带雨伞饱带粮,事故未出宜先防。
2. 细小的漏洞不补,事故的洪流难堵。
3. 秤砣不大压千斤,安全帽小救人命。
4. 快刀不磨会生锈,安全不抓出纰漏。
5. 苍蝇贪甜死于蜜,作业图快失于急。
6. 瞎马乱闯必惹祸,操作马虎必出错。
7. 船到江心补漏迟,事故临头后悔晚。
8. 常添灯草勤加油,常敲警钟勤堵漏。

第15章

环境污染

第一节　不应该被忽视的农药污染

　　农药是一种特殊的化学用品,能防治病、虫、杂草等危害,具有见效快、防治范围广、防治效果好等优点。但是大量施用农药,就会造成环境污染问题。

　　据相关资料报道,农药利用率一般为10%,而剩下的90%会残留在环境中,对环境造成污染,进而对生物和人体造成危害。

一、农药对环境的污染

1. 农药对大气造成污染

　　(1)喷洒农药时微小的药剂颗粒在空中随风飘散。

　　(2)农药生产厂排放出的废气。

　　(3)含有农药的水体和土壤其农药成分蒸发或挥发到空气中,造成大气污染。

2. 农药对水体造成污染

　　(1)农田施药和土壤中的农药被水流冲刷后进入水体。

　　(2)农药生产厂、企业加工厂等排放出的废水。

　　(3)空气中残留农药随降雨进入水体。

　　(4)在水体中清洗施药工具和器械等。

3. 农药对土壤造成污染

(1)农药使用不当,会直接给土壤带来污染。

(2)通过浸种、拌种等施药方式进入土壤。

(3)随着大气沉降、灌溉水和动植物残体进入土壤等。

性质稳定、分解缓慢、残效期长的农药,如有机氯农药,易于在土壤中积累,造成对土壤的污染。土壤中残留的农药,不仅容易被农作物吸收转入农副产品中,还会对土壤中的有益微生物、蚯蚓、蝉尾虫、非寄生性线虫等造成危害。土壤中如果残留除草剂,还有可能对后茬敏感的作物造成危害。

二、农药给人体健康带来的危害

1. 急性中毒

农药经口、呼吸道或皮肤接触而大量进入人体内,可在短时间内导致神经麻痹乃至死亡。

据世界卫生组织和联合国环境报告显示,全世界每年发生农药中毒的人数达 300 多万人,死亡人数达 20 万人。我国每年因农药中毒事件而受伤的人数有 50 万人次,死亡约 10 万多人。1995 年 9 月,广西宾阳县一所学校因食堂管理不规范,导致该校学生食用喷洒过剧毒农药的白菜,造成 540 人集体农药中毒。

2. 慢性中毒

长期食用含有农药残留的食品,农药在体内越积越多,会对人体健康构成潜在威胁,即慢性中毒。以下三种农药最容易产生潜在的危害。

(1)有机磷类农药。作为神经毒物,会引起神经功能紊乱、震颤、精神错乱、语言失常等表现。

(2)拟除虫菊脂类农药。一般毒性较大,有蓄积性,中毒表现症状为神经系统症状和皮肤刺激症状。

(3)六六六、滴滴涕(DDT)等有机氯农药。有机氯农药随食物途径进入人体后,主要蓄积于脂肪中,其次为肝、肾、脾、脑中,通过人乳传给胎儿引发下一代病变。

1983年我国哈尔滨市医疗部门对70名30岁以下的哺乳期妇女调查,发现她们的乳汁中都含有六六六和滴滴涕残留成分。

农药虽然是保证农业增产不可缺少的重要物资,但是农民朋友在使用农药的时候,要充分认识农药污染所造成的危害,采取各种措施,既要达到防治病虫害、提高农产品产量的目的,又要保护好环境和人体健康。

三、农药污染的防治措施

1. 合理使用农药

根据病虫害等有害生物的发生情况,正确选用农药,适时、适量地使用农药。另外,合理轮用、混用农药,也可以提高农药的防治效果,发挥农药的积极作用,减轻农药对环境的污染。

2. 安全使用农药

对农作物施药时,应严格遵守国家颁布的农药安全使用标准及有关规定,按照规定的用药量、用药次数、用药方法和安全间隔期进行喷施;千万不要使用高毒农药喷施蔬菜、瓜果、烟叶、茶叶、中草药等作物;避免使用高毒农药防治家庭害虫。

3. 提倡开发、使用无污染农药

农民朋友应尽可能选用无污染农药(生物农药、低残留化学农药等)对农作物进行喷洒。农药生产厂应积极研制、开发对环境无污染的农药新品种、新剂型。

4. 研究新防治方法和途径

农民朋友不可只选用化学药剂防治病虫害,应交替使用物理、化学、生物等方法。如选择抗病虫害的优良品种,使用微生物农药,以菌治虫、以虫治虫等方法,减少农药的使用量。

5. 妥善处理农药包装物

将装过农药的空瓶、空箱等物品集中处理,切忌不要用它们盛装粮食、油、水、食品和饲料等,以防出现人畜安全问题。更不要将其随意丢入河塘、湖泊中。

6. 采用避毒措施

对于已遭受农药污染尚有农药残留的农田,可采用避毒措施以减少农药对作物的污染,即在一定时期内不种植易吸收农药的作物,如根菜类、薯类等,而代之以种植叶菜类、果实类等不易吸收农药的作物。

还可以改变耕作制度,实行水旱轮作的方式,减少农药的污染。同时,应贯彻"预防为主,综合防治"的植保工作方针,注意化学防治和其他防治方法的协调运用,以减少农药的使用,减轻农药对环境的污染。

第二节　看不见的杀手——核辐射

1986 年 4 月中旬,在切尔诺贝利核电站第四号机组按计划检修过程中,由于工作人员违章操作,导致反应堆能量骤增,引起石墨燃烧,堆芯熔化,加之缺少有效的防范与保护措施,于 26 日凌晨爆炸,造成了有史以来最为严重的核泄漏灾害。

此次核泄漏灾害不仅污染了附近的农田、水源和空气,而且随着空气的流动,整个欧洲都笼罩在核辐射的阴影之中,瑞典检测到的核辐射尘埃超出正常值的 100 倍。

切尔诺贝利核电站泄漏灾害当时致死 17 人,附近 25000 人紧急疏散,以后陆续死亡 7000 人,先后从该地区撤出 13.5 万人。核电站附近大量庄稼被迫全部掩埋,损失 2000 万吨粮食;核电站 7 公里内的森林也因核辐射导致全部死亡;周围 10 公里内的耕地丧失耕作与放牧功能;10 年之内,100 公里范围内的牛奶不能食用……加上清洗与掩埋工作,此次核泄漏灾害造成 120 亿美元的损失。

一、什么是核辐射

核辐射灾害属放射性污染灾害的一种,是指那些由于人类开发核能或制造核武器过程中排放大量放射性污染物,致使自然环境要素中的放射水平远远高于一般水平。

造成核辐射灾害的元凶放射性污染物主要来自核工业、核电站与核试验。放射性污染物排入环境后,会造成严重的空气、水体与土壤的污染,进而危及人类与动植物的生命安全。突发性核辐射灾害通常是由核泄漏事故、核潜艇事故与核试验造成的,突发性核辐射灾害在核辐射灾害中占很大比重。

二、核辐射污染途径

核污染主要有以下几种途径,农民朋友们要加强防范意识:

1. 污染食品和饮用水

农民朋友们要尽量避免吃被污染后的海鲜食品,不要饮用海水淡化水。多吃海带等含碘的食物,不要随意服用碘片,只有政府发放碘片时,才按要求服用。

2. 污染空气的吸入

处于污染区的农民朋友要远离放射源,尽量避免外出,关好门窗。如果需要外出,尽量不要长时间停留,用湿毛巾捂住口鼻,或者戴口罩。

3. 经皮肤吸收和沉积的灰尘

尽量减少裸露部位,穿长袖的衣服和长裤。保护好脖子,避免引起甲状腺疾病。每天用肥皂洗澡,避免淋雨。

三、核辐射污染后的症状

1. 恶心和呕吐

恶心和呕吐是典型的辐射病的最早症状。辐射剂量越多,这些症状出现越早。受到辐射后一个小时开始呕吐的人极有可能会死亡。

有时辐射病起初让人感觉不好,然后开始感觉好多了。但通常会"潜伏"几小时、几天、甚至是几个星期,接下来会伴有更严重的症状。

2. 脱发

辐射伤害毛囊。因此,人们在受到大剂量的辐射之后,往往会在两周或三周之内持续脱发。

3. 严重疲劳

长时间受到辐射的人,红细胞会不断减少,随着红细胞的减少,抗感染辐射性疾病的白细胞也减少。因此,细菌、病毒和真菌感染的风险增大。

4. 皮肤脱落

受到严重辐射的皮肤可能会演变成水泡,随之变红,就像严重晒伤时的皮肤。在一定情况下,形成开放性溃疡,致使皮肤脱落。

5. 口腔溃疡

核辐射会导致口腔溃疡。此外,溃疡还可能在食道、胃和肠内形成。

6. 自发性出血

核辐射可引起鼻腔、口腔、牙龈和肛门出血。主要是因为辐射会破坏人体的凝血功能。当人体的凝血功能受到破坏时,就会出现出血的情况。

7. 出血性腹泻

辐射"瞄准"体内细胞迅速繁殖,刺激肠壁,使肠壁受到损害,严重时可引起带血腹泻。

以上几方面是核辐射的初发症状,辐射还会导致癌症、白血病、多发性骨髓癌、大脑恶性肿瘤、甲状腺机能紊乱、不育症、流产和生育缺陷等严重疾病。所以一旦遭遇核辐射污染时,一定要早发现、早治疗,尽量避免核污染带来的严重后果。

四、核辐射污染后的措施

第一,爆炸后,不要饮用任何未经保护的水,避免饮用湖水、河水。饮用前需要过滤,然后煮沸。

第二,最好食用有根茎的蔬菜,如胡萝卜、马铃薯、萝卜等,要洗干净去皮后再食用。

第三,辐射过后,如果引起烧伤,应立即对伤口进行包扎、止血、固定。在急救时要尽量避免灰尘、污染物污染伤口。

第四,对休克的伤者应该尽快施行人工呼吸。

第五,对伤者进行局部皮肤除污染。当处在污染区时,要给伤者穿戴防护装备,防止放射性物质进入体内或污染皮肤和衣服。

第三节　养殖业的天敌——海洋污染

海洋是地球上一个稳定的生态系统。但是,近十几年来,人类对海洋生物资源的过度利用和对海洋日趋严重的污染,使全球范围的海洋生产力和海洋环境质量明显退化。

一、海洋污染的构成

1. 石油污染

石油污染多是由于油轮漏油或船舶机舱排放含油废水造成的。石油一旦流入海洋中,会对海洋生物造成十分严重的危害,它产生的油膜和油块,能粘住大量鱼卵使其死亡。

另外,油气田开发和油井失事也是导致海洋污染的原因之一。据相关资料报道,全世界每年约有 100 万吨石油流入海洋。

2. 重金属污染

随着工业的发展,工厂向海洋排放大量的重金属化学废料,造成海洋污染。据统计,全世界每年进入海洋的重金属高达一万多吨,主要有汞、铬、铜、铅等。另外,重金属随其他饵料被鱼类、贝类摄食后,积蓄在鱼贝体内,人食用它们后又积存在人体内,当达到一定浓度时就会出现中毒症状。

3. 化学农药污染

有机氯类农药,如滴滴涕,在自然条件下不易分解,使用后经雨水冲刷最终流入海洋。据相关资料统计,每年进入海洋的滴滴涕,全世界总量约有 100 万吨。

有机氯杀虫剂也是对海洋污染较严重的药物。其属高稳定性物质,主要通过陆地径流和大气降水两个途径进入海洋。据统计,排放于大气中的有机氯杀虫剂约有 25% 随大气降水进入海洋。

4. 塑料垃圾污染

据相关资料报道,全世界每年抛入海洋中的塑料垃圾达 660 万吨,每天约有 639000 个塑料垃圾被抛入大海。海洋环境中的塑料垃圾主要来自船只的抛入、河流的输入以及滨海旅游者的遗弃。

塑料垃圾所含的有毒物质溶于水后,会严重威胁近岸渔业的发展。另外,它还会影响海岸线的风景。

5. 赤潮

工厂大量含氮有机物的废水污水排放到海水中后,使海水富营养化,导致某些藻类快速生长繁殖,形成赤潮。赤潮造成海水的 pH 值升高,致使非赤潮藻的浮游生物大量死亡,而赤潮藻也因爆发性增殖、过度聚集而大量死亡。赤潮藻死亡腐烂后,会释放出大量有害气体和毒素,使海洋的正常生态系统遭到严重的破坏。

二、如何应对海洋污染

1. 物理回收

农民朋友遇到石油污染后,可用围油栏等把浮油阻隔包围起来,防止其扩散和漂流,并用各种机械设备尽量加以回收,对无法回收的薄油膜或分散在水中的油粒,可以喷洒各种低毒性的化学消油剂。

2. 兴建污(废)水处理厂

农民朋友可以联合兴建污(废)水处理厂。工厂"三废"和有毒物质,一定要经过严格的处理统一排放,避免流入海洋造成污染。

3. 使用可降解塑料

所有塑料制品,进行统一回收,不要向海洋倾倒塑料垃圾。

4. 发展生态渔业、养殖业

农民朋友们在新建、改建、扩建海水养殖场时,应当进行环境影响评估,海水养殖应当科学确定养殖密度。

5. 正确用药

农民朋友在养殖过程中,应当合理投饵、施肥,正确使用药物,防止对海洋环境造成污染。

第四节 种植业的创伤——陆地污染

陆地污染是指土壤被含有污染物的水侵蚀或受到酸雨冲刷,导致土壤的自然功能失调、土壤肥力下降、丧失生产潜力,从而影响农作物的产量。另外,土壤中存在的某些有毒污染物还可能被农作物吸收,残留在根茎和果实内,危害人类和动物的健康。

一、污染物主要来源

1. 化学农药

目前被大量使用的化学农药大约有 50 种,主要包括有机氯类、有机磷类、苯氧羧酸类、苯酰胺类等。农民朋友使用的杀虫剂、杀真菌剂和除草剂等均属于化学农药。

有机氯农药滴滴涕(DDT)和六六六虽然在我国已禁用多年,但由于非常难于降解,至今仍能从土壤中检测出其残留成分。

含有氮、磷等营养元素的农药或化肥利用率低下,没有被植物吸收的都残留在土壤中。有机肥在培养土地肥力时,由于氮元素施用季节、施用方式不适当等原因,容易造成土壤污染。农民朋友在使用农用地膜时,由于塑料难以降解,易在土壤中形成隔离层,影响土壤肥力。

2. 固体废弃物

固体废弃物污染主要是指工厂和企业的废渣、污泥、城市垃圾等在堆放过程中通过扩散、降水直接影响土壤,对土壤造成污染。比如,全国矿区各类固体废弃物存放约 70 亿吨,这些固体废弃物直接占用土地,对土壤造成不同程度的污染。

3. 工业"三废"

工业"三废"主要是指工厂、企业排放的废水、废气和废渣等。随着工业化进程的加速,"三废"排放量不断增加。污水灌溉、废气排放、废渣(如污泥)等,作为农用时使土壤遭受污染。

废气中的二氧化硫(SO_2)、氮化物(如 NO、NO_2)和颗粒物等可通过沉降或降水直接进入土壤,造成污染。二氧化硫随降雨而下,使雨水酸度增大,引起土壤酸化,从而导致土壤中重金属活性的变化。

另外,如果工厂发生化学品泄漏事故,也会给土壤造成污染。

4. 生物污染

生物污染主要是指未经处理的医院废水、粪便和屠宰场的污染物、垃圾等。其中医院里未经消毒的污水和废物对土地危害最大,这些污染物进入农田后,有害物质长期繁殖,造成土壤污染。

5. 工业和城市废水

工业和城市的废水如果不加处理,任意乱灌,就会将污水中的有害物质带入农田,污染土壤。若能合理地使用污水灌溉农田,便可充分利用水肥资源(污水中含有的氮、磷、钾),利用土壤的净化能力,促进农作物的生长。

二、陆地污染的危害表现

一是给农业生态带来安全隐患。

二是导致农作物污染超标,农产品质量下降。

三是导致严重的经济损失。

四是使空气环境再次受到污染。

三、土地污染防治措施

第一,要注意适量施用化肥和农药,有机化肥和无机化肥配合使用。长期施用过量化肥,会引起土壤板结,不仅不能起到农作物增产的作用,还可能造成减产。农民朋友在施用化肥的同时,可大量施用农家肥,延续我国农业的优良传统。

第二,在灌溉时,必须遵守国家规定的《农田灌溉用水水质标准》的要求。不要滥用污水灌溉农田。

第三,利用生物包括某些特定的动、植物和微生物较快地吸收或降解净化土壤中的污染物质,使土壤得到治理。

第四,树木具有吸附各种有害物质的作用,农民朋友应积极地植树造林,绿化村庄和工矿区。

第五节　每个人的悲哀——空气污染

空气是一种重要的自然资源,对人类和动植物的生存和生长具有重要的作用。人们可以几天不喝水或不进食,但决不能离开空气,离开空气几分钟便会死亡。随着社会经济的迅速发展,人口数量急剧上升,地球上的空气环境日趋恶化。由于空气是流动的,一些有害气体的排放,会给全球范围的空气带来严重污染。

一、空气污染的特点

1. 由于空气污染的不可见性,污染物成分难以测定

除了颗粒污染物以外,大多数气体污染物是看不见的。例如,造成酸雨的二氧化硫(SO_2)气体,只有通过测定降水的 pH 值,才能断定空气是否遭受二氧化硫(SO_2)的污染。

2. 空气污染具有控制的复杂性

由于空气的流动和污染物本身蒸发、凝聚、重力等的作用,都会使空气污染物浓度发生变化。而有些进入空气中的污染物质,在阳光照射下发生化学反应,便生成二次污染物。因此,空气污染具有控制的复杂性。

3. 空气污染的无国界性

空气流动造成空气污染的无国界性。南极是一个人迹罕至的区域,然而,据卫星观察和科学研究发现,过去的十年里南极的平流层臭氧浓度平均为 2.5%,近几年的 9 月和 10 月,南极上空不断出现臭氧层空洞,其面积达 2000 万平方公里。原因是人类生产、生活排放的氯氟烃等气体随气流到达南极上空,导致南极的臭氧层被破坏。

二、空气污染类型

1. 工业污染

工业污染主要指钢铁厂、水泥厂及化工厂等工矿企业,在加工过程、燃烧过程、加热过程和冷却过程中,生产设备所排放出的废气、油烟、粉尘及无机或有机化合物给空气造成的污染。

2. 交通污染

交通污染是指船舶、飞机、机动车(汽车、火车、拖拉机等)以及各类航天器排放出的尾气给空气带来严重污染。交通污染已经成为空气污染的主要污染源。

尾气中含有一氧化碳、碳氢化合物、二氧化碳、氮氧化物等,其中一氧化碳含量最大。一氧化碳无色、无味,不易被觉察,极易导致人体中毒。在北方的冬季,经常会发生司机在车库修车,不幸发生一氧化碳中毒死亡事件。

如果按我国现有 3000 万辆汽车计算,每年排放的一氧化碳高达 2000 万吨。而一些发达国家的汽车排放量更多。可见,汽车尾气会给空气造成严重污染。

3. 生活污染

人类消费活动产生的废气也会污染空气。我国以燃烧作为主要获取能源的方式,基本采取原始的直接燃烧取得一次能源,能源利用率却只有 30%—40%,大部分都被浪费掉,部分转化成污染物散发到空气中,形成空气污染物。

空气污染的危害是多方面的,不仅危害人类的健康,而且影响动植物的生长,有时还会改变大气的性质与局部的气候。

三、空气污染对人类健康的影响

1. 急性中毒

在某些特殊情况下,例如工厂发生事故,或突然出现无风、逆温、发雾天气,空气污染物不易扩散,使空气中有害物质急剧增高,即会引起人类急性中毒,使患有心血管疾病、呼吸道疾病患者病情加重,甚至死亡。

2. 慢性中毒

空气中的有毒金属离子和有机毒物,例如铅、汞、砷、石棉、有机氯农药等,它们的浓度虽然很低,但是仍能通过呼吸、食物、饮水等进入人体,在体内积累过多,就会造成慢性中毒,影响神经系统、内脏功能等的正常运行。

3. 刺激性化学污染物

直接刺激呼吸道的有毒化学物质(例如二氧化硫、氯气等)被人吸入后,首先刺激呼吸道黏膜,引起咳嗽、气管阻力增加和支气管炎。在毒物作用下,呼吸道抵抗力减弱,易引起肺水肿和肺心病等疾病的发生。

4. 无刺激性化学污染物

这类污染物比较不容易被人体察觉。例如,一氧化碳是一种无色、无味的气体,它经人体呼吸道进入血液,与血红蛋白结合,导致人的身体组织缺氧,出现头晕、头痛、恶心、乏力,甚至昏迷死亡。

四、空气污染对植物的影响

空气污染物浓度超过植物的忍耐限度,就会伤害植物的细胞和组织器官,妨碍植物的生长发育,使产量下降,品质变坏,甚至造成植物死亡。

空气污染物中对植物影响较大的是二氧化硫、氟化物、氧化剂等。氯、氨和氯化氢等对植物也有毒性,但这些物质大部分是由于事故泄漏而产生的,影响范围相对较小。

1. 二氧化硫对植物的影响

空气中的二氧化硫主要通过叶片气孔进入叶组织,与细胞内的水分形成亚硫酸,再逐渐氧化成为硫酸,并逐渐扩散到植物各组织中,破坏叶绿素。高浓度二氧化硫会使植物组织脱水,使叶片枯萎甚至死亡,低浓度二氧化硫则抑制植物生长,使发芽率降低,产量下降。

2. 氟化物对植物的影响

空气中的氟化物主要是氟化氢(HF)。空气中的微量氟化物会被植物不断地吸收,积累到一定程度后,植物组织会产生坏死、失绿、干旱落叶等。

3. 氧化剂对植物的影响

氧化剂以臭氧(O_3)为主,其次是过氧乙酰硝酸酯和一些醛类,这些物质是光化学烟雾的成分,对植物危害很大。对 O_3 敏感的植物有菠菜、燕麦、小麦、大麦、柑橘、玉米等。O_3 接触这些植物时,能破坏其叶肉的栅栏组织,使叶片褪色,出现小白斑或棕红色、褐色斑点;能使植物生长发育不良,产量下降。据联合国资料报道,美国每年由于 O_3 造成的谷物损失竟达 30 亿美元。

五、空气污染防治措施

对于生产过程中产生的有害气体,可以根据它的性质,分别采用吸收法、催化转化法、燃烧法、冷凝法、吸附法等技术除去。

1. 吸收法

将工业废气中的有害气体用溶剂或溶液进行吸收,然后使之与废气分离而被除去。用不同的吸收剂可以吸收不同的有害气体,此法应用范围广泛,可回收有用的产物,但吸收法的净化效率有限,吸收液需要进行处理,才能防止二次污染。

2. 催化转化法

在催化作用下,可将某些有害废气转化成易于回收的或无害物质。例如将汽车尾气中的一氧化碳和碳氢化合物在催化剂的作用下,转化成二氧化碳和水,以减轻一氧化碳的危害。催化转化法效率高,反应温度低,操作简便,应用较为广泛。

3. 燃烧法

这种方法是对有害气体进行氧化燃烧或高温分解,使某些有害气体转化为无害物质。此法有直接燃烧法与催化燃烧法两种。前者适用于处理浓度高、发热量大的可燃性有害气体(例如碳氢化合物)。催化燃烧法是在催化剂作用下,使可燃性有害气体在较低的温度下燃烧除去。燃烧法的优点是可回收热能,但对有害气体不能回收利用,并且容易产生二次污染。

4. 冷凝法

通过降低所排出的废气温度,从而使某些有害气体凝成液体,从废气中分离出来而被除去。这种方法的设备比较简单,操作相对较方便,可回收到纯净的产物。

5. 吸附法

利用多孔吸附剂从废气中吸附有害气体。大多数有害气体都可采用此方法进行处理。吸附法的净化程度较高,而且吸附到的气体可回收利用。但对于被吸附在吸附剂上的物质需要进行定期解吸处理,才能继续使用。常用的吸附性物质有活性炭、硅胶等。

第六节　保护环境,从我做起

我国是一个发展中国家,环境问题是我国基本国情的重要内容之一。目前我国环境污染问题和生态破坏形势严峻,防治环境污染刻不容缓。因此,农民朋友要树立起环境保护意识。

一、环境污染的来源

1. 生产性污染

工业生产过程中向环境排放大量的污染物,其中有废水、废气、废渣,如未经处理或处理不当,就会给空气、土壤、水、食物等造成污染。农民朋友在农业生产中长期使用农药和化肥,也会使自然生态系统遭到破坏,给周围环境带来污染。同时还会造成农作物、畜禽产品、水产品以及野生生物中的农药残留。

2. 生活性污染

人类生活中产生的垃圾、污水、粪便,如果处理不当,也会对环境造成严重污染。我国人口与日俱增,产生的生活垃圾数量巨大。有些垃圾中含有塑料、玻璃、金属成分,在处理时难度较大。生活污水、人畜粪便、含磷洗衣粉等进入水体,都会造成水质的恶化。

3. 其他污染

各种交通工具排放出的废气和产生的噪音,电子通讯、家用电器设备所产生的微波和其他电磁波,原子能和放射性核素所排放出的放射性废弃物以及自然灾害如地震、森林大火等,均可释放出大量的污染物,使环境遭受不同程度的污染。

人类每时每刻都在一定的环境中生活,因此环境质量的好坏将直接影响人类的健康。如果环境的异常变化超过了人体正常生理调节的限度,环境污染物就会以各种方式进入人体,引起人体不适,导致疾病的发生。

二、因环境污染引起的疾病

1. 食物中毒

摄入含生物性或化学性有毒有害物质的食品后出现的非传染性疾病。如食用有机磷农药污染的蔬菜可引起有机磷农药中毒。

2. 职业病

职业病是指生产环境中存在的有害物质所引起的特殊疾病。如矿山采掘工人吸入空气中二氧化硅粉尘引起的矽肺病；印刷业、制鞋业工人吸入苯引起苯中毒；电焊工长期吸入含锰烟尘引起的锰中毒等，均属于职业病。

3. 传染病

传染病是由病原微生物引起，可在人与人之间、人与动物之间传播的一类疾病。环境污染也会引起此类疾病发生。如医院废水或生活污水未经消毒处理，直接排放到水体，就可能引起一些以水为媒介的传染病如霍乱、伤寒和痢疾等疾病的发生。此类传染病曾给人类造成重大危害。

4. 公害病

公害病是严重环境污染而引起的地区性中毒疾病，是环境污染所造成的严重后果。至今，世界各地已经发生公害事件60多起，公害病患者40—50万人，死亡10多万人，其中绝大部分是由化学污染造成的。例如，日本熊本县水俣湾沿岸地区汞污染引起的水俣病，富山县神通川流域镉污染引起的镉中毒；美国洛杉矶光化学烟雾引起的红眼病等。

而人类大多数疾病是由于环境污染造成的。据有关资料表明，癌症的发生与环境污染密不可分，其中90%以上与化学污染物质有关。迄今为止，人类知道的化学致癌物已有上千种。研究结果表明，这些化学物质可能会和病毒相互作用而加强致癌的作用，从而引发癌症发病率的提高。

因此，保护环境、减少污染、不断改善环境质量，是提高人类健康水平的重要举措。

三、如何保护环境

一是开展环保教育,提高农民朋友的环保意识,自觉养成热爱环境和保护环境的良好习惯。

二是积极推进农村生活污水治理和生活垃圾处理,建设农村集中式生活污水和垃圾处理设施。

三是积极推进农村卫生厕所的改造,禁止露天粪坑的出现。鼓励有条件的农户建设沼气式的卫生厕所。

四是合理布局,不要把工业过于集中在一个地区,避免超出环境承受的容量。生产过程中,要把原材料尽可能转化成产品,尽量少出废弃物。生产出的垃圾一定要经过彻底的处理,以免造成环境污染,破坏生态平衡。

五是大量植树造林。树木具有吸收空气中有害物质和气体的作用,可以净化空气,减轻污染。

农药安全使用口诀

买好药,看标签。单独放,锁起来。

用量具,准确取。要稀释,按标签。

喷雾器,及时修。剧毒药,不喷雾。

坏天气,不施药。防护衣,不能少。

施药后,要清洗。空包装,不乱丢。